Measurement and Uncertainty

测量与不确定度

张小章　吴音　编著

U0252647

清华大学出版社
北京

内 容 简 介

本书为高等院校工科专业测量方面的基础教材。内容包括实验中测量的基本概念和测量数据的不确定度分析；温度、压力和真空、流速和流量、振动等量值测量中的物理基础和主要仪器；还给出了若干实验案例。本书也可以作为工程技术人员的参考书。

图书在版编目(CIP)数据

测量与不确定度/张小章,吴音编著.—北京：清华大学出版社,2023.8
ISBN 978-7-302-64035-6

Ⅰ．①测…　Ⅱ．①张…　②吴…　Ⅲ．①测量－高等学校－教材　Ⅳ．①TB22

中国国家版本馆 CIP 数据核字(2023)第 127611 号

责任编辑：李双双
封面设计：何凤霞
责任校对：欧　洋
责任印制：曹婉颖

出版发行：清华大学出版社
　　　　　网　　　址：http://www.tup.com.cn,http://www.wqbook.com
　　　　　地　　　址：北京清华大学学研大厦 A 座　　邮　　编：100084
　　　　　社 总 机：010-83470000　　　　　　　邮　　购：010-62786544
　　　　　投稿与读者服务：010-62776969,c-service@tup.tsinghua.edu.cn
　　　　　质量反馈：010-62772015,zhiliang@tup.tsinghua.edu.cn
印 装 者：大厂回族自治县彩虹印刷有限公司
经　　销：全国新华书店
开　　本：170mm×240mm　　印　张：11.5　　字　数：232 千字
版　　次：2023 年 8 月第 1 版　　　　　印　次：2023 年 8 月第 1 次印刷
定　　价：49.00 元

产品编号：102178-01

前　　言

    本书的编写目的是为工科本科生提供一本入门性的测量方面的基础教材。它假定学生已经学完高等数学和普通物理。本书内容是为学生即将进入高年级专业学习提供实验方面的基础知识。课程主要讲授实验中测量的基本概念和测量数据的不确定度分析,同时讲述包括温度、压力和真空、流动和流量、振动等量值的相关测量中的物理基础和主要仪器的原理。根据以往教学经验,考虑到测量技术涉及面较广,教学过程中难以一一覆盖,课后问题除了巩固所教知识点之外,也作为内容的扩充。另外,本书增加了辅助阅读,供有兴趣的同学进行某一方面更深入的学习。

    作为一门测量课程,增加实验经验是非常重要的一环。为此,本书最后编写了 8 个实验案例供选用,可以在一定程度上使学生得到一些感性认识。

    书中提供了 Matlab 的一些相关计算语句和 Origin 绘图和数据分析软件介绍,以帮助读者掌握有用的软件工具。

    与测量相关的名词众多且不统一,书中有些名词用法可能也与其他书籍不尽相同,请读者加以注意。书中最后给出所涉及的关键词检索,可供参考。

    本书可用于一般工科学生测量技术基础课的教材或参考书,也可以供研究人员和工程师作为入门读物。

    清华大学出版社的李双双老师作为责任编辑,为本书出版作了高效且细致的工作,在此谨表衷心感谢。由于作者能力有限,书中难免有不妥之处,谨请读者指正。

编著者

2023 年 8 月于清华园

目　　录

第1章

绪　　论

1.1　测量的意义

测量是人类活动的基本组成部分,而测量仪器可被视为人类感官的延长。

即使是在原始社会,人们也需要估计猎物的位置和奔跑速度,以及衡量分配猎物时是否公平。到了农耕时代,人们则需要对天气和水文等拥有更多知识。例如,古埃及人在利用尼罗河水灌溉作物时积累了很多关于河流测量的经验。

秦朝时度量衡制度的统一是对测量的重要贡献。在此之后的两千年,我们基本一直沿用该制度,直到1929年开始采用米制(见图1-1-1)。

秦朝度量衡单位与米制单位比较的估计值:

1尺＝23.2 cm

1升＝200 mL

1斤＝256 g

我们今天涉及的测量是现代意义上的测量,其主要特征是定量化。

人类科学的发展,使社会不断走向定量化,因而,测量的地位也日益增高。当然,要完成现代化的测量需要使用精良的仪器。

图1-1-1　中国古代作为重量的标准件

那么,什么是测量呢? **测量是对某一量用基准量进行比较,用数值表示其结果的过程**。

这里的"某一量"是被测对象的某一特征量,称为被测量;用来实现这一过程的工具称为测量仪器;基准量是为大家所公认的一种单位。

例如,用米尺("基准量")去测量一个人的身高("某一量"),比较的结果表明,此人身高是米尺的 1.703 倍(20 世纪 80 年代末某一次统计的全国十大城市男子平均身高),这个过程是测量。注意,这里的"基准量"实际上是指国际标准的"米",是观念上的,我们手中的米尺只是这一基准量的复现。

当然,这只是一个简单的例子,科学研究中的测量通常更加复杂和困难。例如,物理学中著名的光速测量问题:

在很久以前,人们就相信光的速度是有限的。但如何去证明它呢? 实际上就是要找到一种办法去测量它。第一次在地球范围内测定光速的是斐索,他在 1849 年利用转动的齿轮作为光源的开关,去测定一次闪光通过长度为 2× 8633 m 的路程所需要的时间,最后计算得到了光速。

当时人们认为,光与声波一样是通过介质传播的。这种传播光的介质被称为"以太",它与地球存在着相对运动。这样,地球的运动会导致光速的变化,但后来迈克耳逊-莫雷在 1887 年对于光速进行的更精确的测定结果说明:光速不因参考系的运动而变化。这一实验似乎搅乱了当时的物理学界,同时也导致爱因斯坦狭义相对论的产生,这是人们对时空观念的认知产生重大变革的原因之一。

从某种意义上讲,测量手段发展到什么程度,科学就发展到什么程度。诺贝尔奖获得者朱棣文说:"精确的测量是物理的核心,就我个人经历所言,新的物理领域产生于新的尺度。"例如,现代化的电镜已使人们有能力进入观察微纳米尺度的阶段,由此带来材料和生物等学科的巨大发展。

测量在科学发展中起到了关键性的作用。门捷列夫甚至说:"**没有测量,就没有科学。**"所以,千万不要只把测量当作"拿个仪表,要点数据",这样的想法是非常错误的。

测量又是一门涉及知识很广的学问。首先,对于被测对象,如本课程中将要介绍的温度、压力、流量等,必须有深刻的了解,这些量存在于被测系统当中,当然也应熟悉被测系统。对于测量工具,即仪表的了解,又牵涉另外一些知识,如前置的传感部分需要用到一些物理原理,后置的电子部分则需要用到电工电子学、微处理器等知识。而对测量结果的分析则要求具备数学基础,如概率统计、不确定度和误差分析等方面的知识。所以,有关测量的课程有着"广博"的特点,这给学习带来了一定的困难。但测量本身又有自己的特色,即自始至终从测量的角度把以上提到的各科知识串通起来,同时形成自己特有的知识体系,这是我们学习这门课程时应该加以注意的。

每一门课程都应该给人们带来一些新的观点和思想,该课程将给大家展示的是科学研究和工程实践中的另外一面,即不确定性、多解性和逆向性。这也许是客观世界的本来面目,也是测量这门课程有别于我们学习传统的微积分、力学和经典物理学的地方。

1.2 常见的基准量

前面我们讲过,要完成一个测量过程,需要有大家公认的标准。组成标准量的更基本的部分称为基准量。下面介绍一些常见的基准量。

1.2.1 质量(mass)

在国际单位制(SI)中,质量以千克(公斤,kg)为单位。早期,1 千克是大约 4 摄氏度下(密度最大)1 升水的质量。之后很长时间里,1 千克是指用铂-铱合金专门制成的国际千克原器的质量,它存放在法国巴黎郊外的国际计量局,以特殊条件加以维护。2019 年 5 月 20 日"世界计量日",根据普朗克常数($6.626\,070\,15 \times 10^{-34}$ J·s)作为新标准重新定义的质量正式生效。图 1-1-2 为国际单位制中的千克原器和米原器。

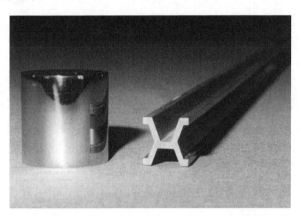

图 1-1-2 国际单位制中的千克原器和米原器

1.2.2 时间(time)

时间在 SI 制中以秒(s)为单位。1960 年以前,国际计量大会把一个平均太阳日分成 24×3600 份作为 1 s,这是以地球自转为基础的。1960 年又采用地球公转来定义秒。1967 年第十三届世界计量大会上决定以同位素铯-133 能级间跃迁射线的 9 192 631 770 个周期为 1 s。这一标准存放在巴黎,全世界的时间定期与该标准对时。据称到了 2026 年,又将可能采用光钟(如原子内部跃迁频率)来定义秒。

1.2.3　长度（length）

长度在 SI 制中以米（m）为单位，最初根据地球子午线 1/40 000 000 的长度作为标准米，并制成米原器存放在国际计量局（1792—1799 年，法国天文学家德朗布尔与梅尚花了整整 7 年的时间，测得了从敦刻尔克到巴塞罗那的子午线的弧长）。1983 年改为光在 1/299 792 458 s 内传播的距离（真空中传播）为标准米。

1.2.4　温度（temperature）

温度在 SI 制中以开尔文（K）为单位，1 K 等于水的三相点的 1/237.16，而水三相点规定为 237.16 K。实际应用中采用与热力学温标非常接近的温标，称为国际实用温标。

以上只列出与本课程相关的几种基准量，更全面的介绍在许多书籍中有所论述。值得一提的是，基准量的确立是不断发展的，每一次发展都代表了当时最好的测量水平。

最近十多年，随着科学的发展，基准量的定义也产生了重要变革。2018 年的第 26 届世界计量大会上通过了关于修订国际单位制的决议，其中，"千克"由普朗克常数、"安培"由基本电荷、"开尔文"由玻耳兹曼常数、"摩尔"由阿伏伽德罗常数定义；另外大会也对 3 个基本单位在定义的表述上作了相应调整。这样，基准量的定义走向量子化，实物基准逐步退出历史舞台。

关于基准量的研究引申出了"计量"的概念。计量或者计量学是一门关于测量的科学。简单地讲，它主要包括基准量和标准量的建立、维护和传递等，牵涉基础研究、应用及法律法规。国际间有国际计量局，我国有中国计量科学研究院（NIM），各省市有计量研究院、所，相关单位还有计量部门。国家之间采用"比对"等方法达成一致意见，从而得到标准。国家内部则采用法律法规建立标准并逐一往下传递。

可以看出，计量和测量之间应该是有共同点和差异的。

1.3　量纲与单位

量纲（dimension）是指被测量的物理特征，而**单位**（unit）是人们对被测量进行数值表达时赋予的标准。如长度是一量纲，而米、厘米、英寸都是单位。

由于单位是人们赋予的，因此历史上存在不同的单位制。前面我们提到的秦朝统一度量衡，就是一种曾经在我国长期使用的单位制，称为市制，以区别于公制单位。英、美等国家还采用英制（如英国工程制）。19 世纪英国提出厘米-克-秒制（CGS），1960 年国际法定度量衡组织推行采用米-千克-秒（MKS）的国际单位制。以上这些单位制会在不同时期或地区出版的书籍和文献中出现，阅读时需要加以注意。本书中的附录表 A-1～表 A-4 收集了一些量的不同单位之间的转换，可供大家参考。

如果我们同时遇到不同的单位制，需要多加小心。有时候不同单位制之间的换算并非只是一个公式就能解决的，还存在着数字截尾引起的精度问题。例如，现在采用 1 in（英寸）＝25.4 mm，但之前美国采用 1 m＝39.37 in，则 1 in 为 25.400 050 8 mm，这种差别在大距离或精密测量中是需要加以注意的。

有关数值结果的有效位数问题，在第 3 章中将会进一步讨论。

辅助阅读

1. 关于测量单位和标准的相关介绍

1875 年 5 月 20 日（该日现被定为世界计量日），17 个国家在法国巴黎成立了国际计量局（the Bureau International des Poids et Mesures，BIPM）以协调国际间的测量。1960 年，国际单位制 SI（Système International d'Unités）被采用作为推荐的实用测量单位，包括米、千克、秒、安培、开尔文、摩尔和坎德拉，以及一些导出单位（如伏特、瓦特、牛顿、帕斯卡、焦耳等）。

另外还有一个与标准相关的重要组织是国际标准化组织（International Organization for Standardization，ISO），它于 1926 年成立，现有 160 多个成员国，总部设在瑞士日内瓦（见图 1-4-1）。ISO 颁布了很多标准，包括测量标准。

图 1-4-1　BIPM 标志和 ISO 标志

2. 质量在变迁

质量的基准难以确定，最本质的原因是人们对物体为什么会具有质量的原理并不了解。

理论物理学家介绍说，物理学上对物质为什么有质量的认识还不是很明确。科学家对电子、夸克的质量认识已经比较清楚了，但是对于质子、中子的质量的认识仍然不太清楚。质子和中子里面分别有 3 个夸克，但它们自身的质量远远大于 3 个夸克的质量。

理论物理界普遍认为是希格斯粒子给夸克和电子等微粒以质量，但是希格斯粒子一直没有被发现，人们期待能够通过大型强子对撞机真正捕捉到希格斯粒子的"芳踪"，直到 2012 年欧洲粒子中心宣布发现了它。

3. 完美的硅球

科学家在长期的跟踪中发现了存放在巴黎的国际"千克原器"的质量发生了微小的变化，这意味着全世界作为依据的"千克"难以精确维持(见图 1-4-2)。

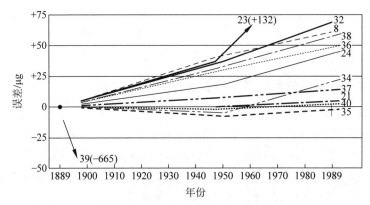

图 1-4-2　国际基准量千克原器复制品随时间的变化

折线后的数字为复制品编号

因此，科学家开展了一系列的研究，试图获得一种更加稳定的"千克"。其中，德、意、日、比、澳等国曾联合进行过"阿伏伽德罗计划"，它的目标就是制作一个"最完美的硅球"。

这个球由 99.99% 纯度的硅-28 制成。选择硅作为材料是因为这种元素的化学性质稳定，并且当代的半导体工业已经能够制造高纯度的硅晶体。科学家们利用激光学干扰仪从球体表面随机选择了 60 000 个点，测量每个点彼此间的距离，以确保这个圆球体是世界上最完美、最精确的。同时，科学家们利用 X 射线晶体检测器来测量球体硅-28 原子之间的空间距离，确定在一些极端条件下该球体不发生明显的原子间距变化。这个球是如此完美，即使把它放大到地球那么大，表面上只能看到 12~15mm 的皱褶。

为什么要做得这么圆呢？因为这个圆球的体积是根据硅原子的质量算出来的。我们知道每个硅原子的质量，又知道单位体积内硅原子的数量，就可以计算出 1kg 硅所占的体积,算出来的值是直径为 93.75mm。如果要制造出这样的球作为千克的标准,既要保证这个球体绝对的圆,直径绝对的准确,又要保证球里面的硅晶体没有缺陷。

硅原子的质量是怎样知道的呢?科学家精确地知道碳-12 原子的质量,而其他原子的质量可以根据碳-12 原子的质量推导出来。

4. 英制单位小传

英尺(foot)在英文中的本意是"脚"。实际上,一英尺就是一个成年男子一只脚的长度。由于脚的长度因人而异,在使用时有必要规定一个标准的脚长。

英制的单位比较复杂,1 英尺=12 英寸,1 码=3 英尺,1 英里=5280 英尺。公制系统起源于 17 世纪的法国,当时是为了制止不法人员利用度量的混乱扰乱市场。它因为使用了十进制,所以特别好记。法国在 19 世纪早期正式采用这个系统,其他国家随即跟进。以后的几百年,这个体系传遍全球。英国一开始还对此抵制,20 世纪 70 年代终于采用了公制。当时的口号是:"公制:十倍之好"(Metric:10 times better)。

美国现在在很多领域还坚持使用英制单位,结果据称造成了 1999 年的一次"火星气候探测器"的失败。这个卫星于 1998 年 12 月 11 日发射,1999 年 9 月接近火星,但是进入火星大气层时被烧毁。这个项目的花销是 3.27 亿美元。据新闻报道,在随后的事故调查中,人们发现,原来是在制造探测器的两个部门里,一个用的是公制,另一个用的是英制。

5. 从铂棒到光速

1795 年,曾经为法国王室工作的珠宝商制作了一批铂棒。其中每一根的长度都为 1"临时米"、厚 4mm、宽 25.3mm,两端面平行。计量专家从中挑出 0°C 时长度最接近"1 米"的计算值,于 1799 年 6 月 22 日被放置在国家档案馆,便是众所周知的"米原器"。公制于 1799 年 12 月 10 日获得立法确认。1874 年,科学家们又用更加坚硬的铂铱合金制作了新的"1 米"长合金棒,这种合金后来被称为"1874 合金"。这个合金棒在 1889 年举行的第一届国际计量会议上被宣布为"国际米原器"(IPK)。

用铂棒定义米既不方便,也不稳妥。1960 年第 11 届国际度量衡会议的决议称,"国际米原型所定义的标准米的精度已不适合当今计量学的需要"。该决议对"米"进行了重新定义:"真空中氪-86 原子从 2p10 跃迁到 5d5 能级时所发出辐射波长的 1 650 763.73 倍"。

不久,科学家们对这一定义也产生了不满。他们开始考虑以光速作为"米"

的判断标准。1975 年第 15 届 CGPM 确定光速的推荐值是 299 792 458m/s。所以,1983 年第 17 届 CGPM 又以真空中的光速重新定义了米,即 1m 等于光在真空中于 1/299 792 458s 时间间隔内所经路径的长度。

(部分内容摘自 2008 年《新京报》)

习题

1. 我们正在进入一个"一切皆有记录"的时代,请设想一种测量方法来定量记录日常活动。(例如,可以利用手机、计算机、日常用具等加以适当改造,也可以是全新的发明,只是要求可以或最终能够量化。)

2. 调查一下图书馆里有关测量方面的期刊,国内和国外各列出 3～5 种。每种浏览其中 1～2 篇文章。写出一篇简述,介绍每种期刊的读者人群、侧重领域和特点,以及所浏览文章的简要内容。

第2章

仪表的基本构成和特性

2.1 仪表的功能部件

被测对象特征量的测量过程需要借助仪表完成。测量仪表的种类很多,原理、结构也各不相同。如果要计算其数量的话,恐怕有上万种。但测量仪表有着一些共性,本章将介绍这些共性,包括仪表的基本功能、基本定义、静态特性和动态特性、标定等。

从功能作用来看,一台具体的测量仪表可以被划分为由 3 个基本功能组成。

1. 敏感件

英文名:sensor,detector,primary element。

敏感件是直接感受被测变量的部分,它使被测对象中一小部分能量转变为相应的信号,有时又称作敏感元件、一次元件等。

敏感件依照它们在工作中依据的物理原理又可以分为如下几种。

机械式:弹性元件,振动单元,流体压强,传热元件等。

电磁式:电阻,电压,电感,电容,电荷,压电等。

光电式:激光,光栅,光纤,CCD 等。

声波式:超声。

其他:半导体,化学,生物。

要掌握任何一种测量仪表,都需要对相应的物理原理有所了解,甚至对某一点有深入的研究,因为测量仪表经常把某些物理特性应用到极致。测量本身要求物理量之间的数值关系是精确而且可重复的,而通常意义上的物理学主要强调揭示物理量之间的内在关系,不太注重这种量值关系有多么精确。

2. 显示件

英文名：display device，data presentation element，final element。

显示件是用于显示、指示、记录被测量的部分。例如，指针、数码管、记录纸和内存、屏幕，等等。

3. 信号调理件

英文名：the secondary element。

信号调理件也叫作中间件，它连接敏感件和显示件，并完成信号转换、运算、传输等功能，可以有以下几种。

（1）变量转换（convert）

把信号从一种物理形式变成另一种物理形式，而不改变信号实质内容的部分。例如，通过变阻器把位移转换成电压。

（2）运算元件（manipulator）

根据某些数学公式对信号进行处理而不改变变量本身物理性质的部分。最简单的处理如乘上一个放大系数。

（3）数据传送元件（data transmission element）

把信号从某处输送到另一处的元件。

4. 说明

（1）以上把一台仪表分为由 3 个"件"组成，实际上是按功能来分割的，并非硬件上的分割。对于简单的仪表，一个具体的元件可能包含了所有的功能部分，如用于体温测量的温度计；而对于复杂的设备，可能许多部分配合才完成一个功能，如大型同位素质谱仪。参见图 2-1-1。

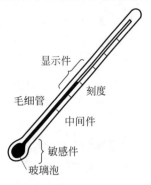

图 2-1-1　体温表和大型仪器同样具有 3 个功能部分

（2）任何测量过程中，敏感件总是从被测对象中摄取一部分能量。从这一角度讲，绝对不干扰对象的测量是不存在的。但人们还是常采用"无干扰""非接触""非侵入"等名词来说明一些测量方法的特点，实际上是指干扰在不同程度上是可以忽略的。

（3）通常我们还可能遇到其他一些名词。

① 传感器（sensor，transducer），一般指借助敏感件来接受物理量的信息并按一定规律将其转换成同种或另一种物理量形式的信息的仪表（或部件）。

② 变送器（transmitter）通常是输出为标准信号的传感器或传感器的后面部分。

③ 一次仪表，常指变送器或功能少于变送器的部分。显然，它必须包括敏感件。

二次仪表，它是相对于一次仪表而言的。主要指带有电子线路、完成信号调理和显示功能的部分。

二次仪表基本依靠电子线路完成，而一次仪表则需要物理基础，这样的分割方法实际上区分了两类人员：一类以研究测量对象为出发点；而另一类熟悉各种电子仪表和线路。这两类人员各有所长。有意思的是，同时兼有两方面专长的人不多。

以上关于测量仪表的功能划分和常见名词的解释，事实上很难做到"确切"两字。许多教科书和工程手册就很难对此达到一致的说法。在具体翻阅资料或与工程技术人员交谈时，请记住首先要弄清各自的定义是否相同。

2.2　标定（calibration）

对于研制和使用中的仪表，我们可能对其中一些仪表原理的了解程度还停留在很基础的阶段，而对另一些仪表则已经建立了精确的物理模型。但是，无论对于它们的掌握程度如何，几乎所有的仪表在使用之前都需要标定。

标定是给指定的仪表系统加上已知的值，考察仪表系统的输出特性的过程。标定在有些文件中还称为校准。标定是消除仪表偏倚（bias）的主要手段。

该已知值称为标准（standard），可以是一个，也可以是适当覆盖测量范围的多个值，例如，在仪表最大测量值的 20%、50% 和 80% 三处提供标准值。标定时对每个加在仪表上的标准值作多次测量（一般 3～5 次）。而标定后的仪表应该在标定范围内使用，一般不进行外插。

作为标准的已知值其精度是已知的，而且它的精度必须比被标定仪表的要求精度高出适当程度。依据国家标准，这一精度比值与仪表的种类和使用要求等有关,一般在 1/10~1/2。

标定过程与溯源有关,所谓可溯源性(traceability)是指量值最终可以用基本量(时间、质量、长度等)表示。例如,标定质量流量的方法,最后归结为密度和体积流量的测定,而密度测定归结为质量和体积(长度量纲)的测定,体积流量则归结为体积和时间的测定。而长度、质量和时间都是基本量,国家计量部门对其制定了唯一标准。

典型的标定结果是输入输出特性曲线,如图 2-2-1 所示,其中实心点是实验标定点,拟合曲线(实线)为 $y=f(x)$。根据标定曲线,我们能够了解仪表的一些特性。

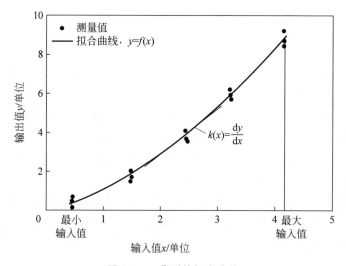

图 2-2-1　典型的标定曲线

有时候标定的结果就是一个仪表系数,即使用范围内仪表读数和被测量线性关系的比例系数。如对于涡轮流量计:

$$Q = Kf \tag{2-2-1}$$

其中,Q 是被测流体的体积流量;K 称为仪表系数或仪表常数,表示单位脉冲所对应的流量;f 是仪表输出的脉冲。式(2-2-1)只在一定的范围内成立。

测量仪表经过标定后才认为能够可靠地工作。工厂里的仪表还需要计量部门定期标定(称为检定)。

2.3　仪表的静态特性（static characteristics）

仪表的静态特性是指仪表系统与时间无关或随时间变化很缓慢的那些特性。这时被测变量随时间不变化,如健康人的体温;或者,即使有变化,但读取测量数据时间相比之下很短,如测量一天之内某一时刻的室外温度。

1. 量程(range)

量程指根据设计要求规定的仪表允许测量的最大值和最小值。几乎没有一种仪表的测量范围是无限的,特别是,有许多仪表的测量范围竟然不是从 0 开始。

$$量程范围 = 最大值 - 最小值 \tag{2-3-1}$$

由于使用方便的原因,量程范围又分为输入范围和输出范围:

$$输入范围 = 最大输入值 - 最小输入值 \tag{2-3-2}$$

$$输出范围 = 最大输出值 - 最小输出值 \tag{2-3-3}$$

定义各种仪表误差时常用最大输出值 r_{FS},但也有时候会使用量程范围,或者直接使用被测值。阅读资料时需要加以注意。

量程比(turndown ratio):许多场合中为了反映仪表的性能,采用量程比的概念。所谓量程比是指测量的允许最大值和最小值之比,如 10∶1 指的是仪表能测量的最大值是最小值的 10 倍。一般希望仪表的量程比大。

2. 准确度(accuracy)

准确度是表征仪表指示值接近被测真值的程度。仪表指示值与真值之间会存在误差:

$$绝对误差 = 指示值 - 真值 \tag{2-3-4}$$

$$相对误差 = \frac{指示值 - 真值}{真值} \times 100\% \tag{2-3-5}$$

就仪表而言,经常会使用以下概念:

$$引用误差 = \pm \frac{仪表量程范围内最大绝对误差}{量程范围或最大量程} \times 100\%$$

仪表的允许误差是指正常使用条件下引用误差的允许值。从允许误差中去掉百分号后的绝对值,在一定条件下产生仪表的**精度等级**。

国家规定的仪表精度等级有:0.005、0.02、0.05、0.1、0.2、0.5、1.0、1.5、2.5、4、5 级精度,等等。

这样,知道了某一仪表的精度等级和量程范围,就能得到该仪表进行正常测量时所得结果的最大绝对误差。反过来,也可以根据测量要求的误差和量程来选择仪表。精度高的仪表意味着价格昂贵和维护困难,所以,合理地选择适当的仪表是很重要的。

在此指出准确度与精密度(precision)的关系是必要的。图示 2-3-1 说明了精密度高的仪表,其准确度也可能是差的(如图 2-3-1(a)所示),精密度高仅表示多次测量的散差小,而准确度高则表示精密度高同时固有偏倚(bias)也小(如

图 2-3-1(b)所示）。去除偏倚（也称为偏移）主要依靠标定。

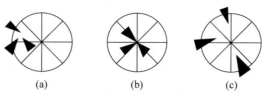

图 2-3-1　准确度和精密度图示

仪表的准确度是一种定性的说法。例如，一般不说准确度为 1%，而只是说准确度高或者低。但是，我们会说精密度为 1%。

3. 线性度（linearity）

理论上具有输入-输出呈线性关系的仪表，最大偏离线性引起的误差与最大输出值之比的百分数称为线性度或线性误差，如图 2-3-2 所示。

线性度用公式表示为

$$e_L = (\Delta L_{max}/r_{FS}) \times 100\% \qquad (2\text{-}3\text{-}6)$$

仪表的输入-输出关系常采用线性拟合，拟合直线的斜率代表仪表常数，此时，线性度关系到仪表常数的误差。

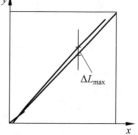

图 2-3-2　仪表的线性度

4. 重复性（repeatability）

条件相同的情况下，输入按同一方向多次变动所得到的输入-输出曲线的不一致性即为重复性。ΔR_{max} 指量程范围内最大的输出差异。

重复性用公式表示为

$$e_R = (\Delta R_{max}/r_{FS}) \times 100\% \qquad\qquad (2\text{-}3\text{-}7)$$

有时候也指短时间内相同条件下对同一量值的多次测量结果的不一致性。这时候 ΔR_{max} 指极差或者标准差。

在此顺便提及再现性（reproducibility）。再现性或可再现性是指不同场地，或不同测量者，或不同测量仪器对同一量进行测量的结果一致性。

5. 分辨力（resolution）和阈值（threshold）

测量仪表能检测到的最小输入量的变化称为分辨力，有时也叫作分辨率。

例如，指针式仪表分辨力通常指最小刻度的 1/2；数字仪表分辨力通常指所显示的最小有用读数。一般要求仪表的分辨力应在被测量允许误差的 1/10。

　　输入为 0 附近或最小量程处的分辨力为阈值。如零点附近严重的非线性域、噪声等引起仪表需要在距离零点一段位置才能有效工作。不能引起输出变化的输入信号范围称为死区（dead zone）。

6. 稳定性（stability）

　　稳定性指输入不变的情况下，长期工作时仪表输出的变化，有时叫作零漂（zero-drift）。

　　稳定性问题常由温度、振动、湿度、电磁场等引起。

7. 灵敏度（sensitivity）

　　灵敏度指输出与输入两者微元变化之比，在输入-输出曲线中灵敏度表现为斜率：

$$k = \Delta y / \Delta x \tag{2-3-8}$$

　　敏感度误差：

$$\gamma_s = (\Delta k / k) \times 100\% \tag{2-3-9}$$

8. 迟滞误差（hysteresis error）

　　迟滞误差也叫变差，是仪表上行和下行的输入-输出曲线之间的最大偏差与最大输出值之比的百分数，如图 2-3-3 所示。

　　迟滞误差公式表示为

$$e_H = (\Delta H_{max} / r_{FS}) \times 100\% \tag{2-3-10}$$

　　具有螺纹的正反行程，或铁磁元件等的仪表系统可能显现迟滞特性。

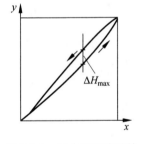

图 2-3-3　仪表的迟滞特性

　　以上给出的指标不一定只用于描述仪表的静态特性，也不一定很全面，但在选择或使用仪表时应该对此有所了解。

2.4　仪表的动态特性（dynamic characteristics）

　　当仪表测量随时间变化的量时，还会表现出输出信号的变化与被测量的变化不一致，这种差别是仪表的动态误差造成的。下面介绍的是仪表动态特性的基本概念。

2.4.1　动态特性

　　仪表的动态特性是指测量仪表对随时间变化的输入量的响应特性。

动态输入包括周期、非周期、随机信号，等等。这些信号形式各异，但一般只采用正弦和阶跃两种输入来考察仪表的动态特性。

描述仪表动态特性的特征量包括：固有频率、时间常数、频率响应范围、稳定时间和阻尼比等。

2.4.2 动态特性的数学模型

在线性系统条件下，仪表的输入-输出关系可以用图 2-4-1 描述。

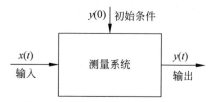

图 2-4-1 仪表的输入-输出框图

图 2-4-1 表示，在给定的初始条件下，测量仪表系统相当于一个转换器，它将输入量的变化转换为输出量。输出量 $y(t)$ 在仪表系统的工作点附近随时间的变化可用线性微分方程表示：

$$a_n \frac{\mathrm{d}^n y}{\mathrm{d}t^n} + \cdots + a_1 \frac{\mathrm{d}y}{\mathrm{d}t} + a_0 y = b_m \frac{\mathrm{d}^m x}{\mathrm{d}t^m} + \cdots + b_1 \frac{\mathrm{d}x}{\mathrm{d}t} + b_0 x \quad (2\text{-}4\text{-}1)$$

其中，x 为输入量；m 为输入量的阶数；y 为输入量；n 为输出量的阶数，$n \geqslant m$。当 $n=0$ 时，仪表为零阶，同理 $n=1$ 时为一阶，$n=2$ 时为二阶，以此类推。

通常我们会比较关心低阶仪表的特性，而高阶仪表可以分解成几个低阶仪表的组合。

1. 零阶（zero-order）仪表

微分方程：

$$a_0 y = F(t) \quad (2\text{-}4\text{-}2)$$

静态灵敏度：

$$k = \frac{1}{a_0} \quad (2\text{-}4\text{-}3)$$

零阶仪表的输出与输入总是成确定的比例关系。

考虑静态响应时所有仪表可看作零阶，k 是静态标定曲线在 x 处的斜率。

另外，响应很快的仪表也可以看作零阶的，如通过纯电阻的电流随电压的变化是瞬时完成的，则这时候纯电阻是零阶的。

2. 一阶（first-order）仪表

微分方程：

$$a_1 \frac{\mathrm{d}y}{\mathrm{d}t} + a_0 y = F(t) \tag{2-4-4}$$

时间常数(time constant)：

$$\tau = \frac{a_1}{a_0} \tag{2-4-5}$$

静态灵敏度：

$$k = \frac{1}{a_0} \tag{2-4-6}$$

具有惯性和能量存储的仪表属于一阶仪表。典型的一阶仪表有水银温度计(见图 2-4-2)。

如果对水银温度计感温包列出能量平衡方程(见图 2-4-3)，则单位时间玻璃泡内虚线围成的感温包内能的上升等于热量的交换率(热力学第一定律)：

$$\frac{\mathrm{d}E}{\mathrm{d}t} = \dot{Q} \tag{2-4-7}$$

图 2-4-2　水银温度计结构

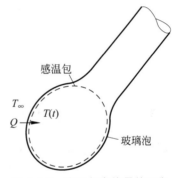

图 2-4-3　感温包内能量的平衡

式(2-4-7)中感温包内能的变化由给定质量的感温液的温度变化表示，而能量的交换由传热定律描述，所以，有

$$mc_V \frac{\mathrm{d}T}{\mathrm{d}t} = hA_s [T_\infty - T(t)] \tag{2-4-8}$$

整理得

$$\frac{mc_V}{hA_s} \frac{\mathrm{d}T(t)}{\mathrm{d}t} + T(t) = T_\infty \tag{2-4-9}$$

所以

$$\tau = \frac{mc_V}{hA_s}, \quad k = 1 \tag{2-4-10}$$

其中，m 是感温液的质量；c_V 为比定容热容；h 是传热系数；A_s 是感温包表面积；T_∞ 为外界温度；$T(t)$ 为感温液在 t 时刻的温度。可以看到，整理后的方程

(2-4-9)是一阶的。

3. 二阶(second-order)仪表

二阶仪表的方程式为

$$a_2 \frac{\mathrm{d}^2 y}{\mathrm{d}t^2} + a_1 \frac{\mathrm{d}y}{\mathrm{d}t} + a_0 y = F(t) \tag{2-4-11}$$

时间常数 $\tau = \sqrt{a_2/a_0}$；固有角频率(natural frequecy)$\omega_n = 1/\tau$；阻尼比(damping ratio)$\xi = a_1/(2\sqrt{a_0 a_2})$；静态灵敏度 $k = 1/a_0$。

具有惯性和相当于弹性恢复力的仪表是二阶仪表。

地震仪是典型的二阶仪表,地震仪传感器部分原理示意图如图 2-4-4 所示。

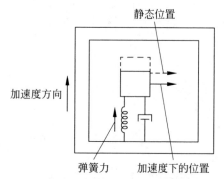

图 2-4-4　地震仪传感器部分原理示意图

图 2-4-4 所示的地震仪可以用与基座相对运动的质点振动方程描述:

$$m \frac{\mathrm{d}^2 y_r}{\mathrm{d}t^2} + c \frac{\mathrm{d}y_r}{\mathrm{d}t} + k y_r = A\omega^2 \sin(\omega t) \tag{2-4-12}$$

其中,基座的振动

$$y_h = A\sin(\omega t) \tag{2-4-13}$$

$$y_r = y - y_h \tag{2-4-14}$$

方程(2-4-12)中,y_r 是地震仪质量块相对外壳(地面)的振动幅值;y_h 是地面的振动幅值;ω 为地面振动的角频率。由于外壳随地面在振动,它是非惯性坐标系,所以对相对运动 y_r 列振动方程时增加了惯性力 $A\omega^2 \sin(\omega t)$ 项。

在电气系统中,一阶系统通常包含电容,二阶系统则包含电感。一阶电路见图 2-4-5。

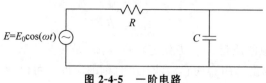

图 2-4-5　一阶电路

$$R \frac{\mathrm{d}Q}{\mathrm{d}t} + \frac{Q}{C} = E_0 \cos(\Omega t) \qquad (2\text{-}4\text{-}15)$$

二阶电气系统见图 2-4-6。

$$L\left(\frac{\mathrm{d}^2 Q}{\mathrm{d}t^2}\right) + R\left(\frac{\mathrm{d}Q}{\mathrm{d}t}\right) + \frac{Q}{C} = E_0 \cos(\Omega t) \qquad (2\text{-}4\text{-}16)$$

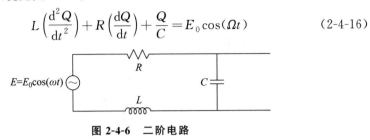

图 2-4-6 二阶电路

2.4.3 一阶仪表和二阶仪表对阶跃和正弦输入的响应

1. 阶跃输入

在时间域上的阶跃信号见图 2-4-7。

2. 一阶仪表对阶跃输入的响应

由于一阶仪表本身的惯性,其对于瞬时变化的阶跃信号表现出逐渐增长的响应,如图 2-4-8 所示。这种逐渐变化的快慢由仪表本身的时间常数 τ 决定。

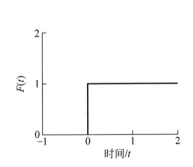

图 2-4-7 阶跃时间曲线

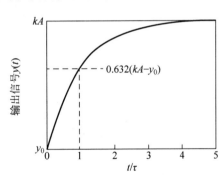

图 2-4-8 一阶仪表对阶跃输入的时间响应曲线

3. 一阶仪表对正弦输入的响应

正弦波信号是规则的周期性变化信号,其周期和最大振幅影响了仪表的输出。仪表一般表现为对不同频率输入的输出幅值不同,还有相位的滞后,或叫作相位移。图 2-4-9 中,实线表示输入的正弦信号,虚线表示输出响应。

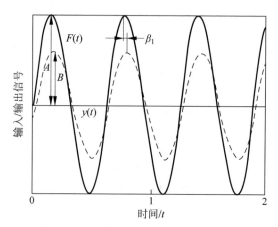

图 2-4-9 一阶仪表对正弦输入的时间响应曲线

4. 二阶仪表对阶跃输入的响应

二阶仪表的表现较一阶仪表复杂,在不同阻尼系数下对于阶跃信号的时间响应曲线见图 2-4-10,图中可以看到,阻尼由小到大,响应曲线先表现为振荡,在大阻尼时则表现为逐渐增长。

二阶仪表对于正弦输入信号的时间响应曲线类似于图 2-4-9(还应考虑阻尼影响),这里不再给出。

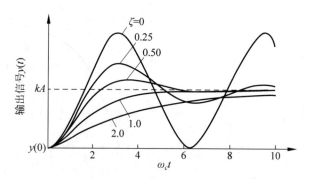

图 2-4-10 二阶仪表对于阶跃信号的时间响应曲线

2.4.4 传递函数(transfer function)

事实上,在研究仪表的动态特性时,可以在频率的空间内进行,这就是传递函数法。

1. 像函数与原函数

对以时间为变量的函数 $x(t)$ 作拉普拉斯变换（Laplace transform）：

$$X(s) = \int_0^\infty e^{-st} x(t) dt \qquad (2\text{-}4\text{-}17)$$

得到的 $X(s)$ 称为像函数，而 $x(t)$ 则称为原函数。

由 $X(s)$ 得到 $x(t)$ 称为反变换，通常由查表得到，如表 2-4-1 所示。

表 2-4-1　常用函数的像

原　函　数	像　函　数
1	$1/s$
t^n	$n!/s^{(n+1)}$
$\sin(\omega t)$	$\omega/(s^2+\omega^2)$
$\dfrac{d^n x(t)}{dt^n}$	$s^n X(s)$

2. 仪表的传递函数

设 $x(t), y(t)$ 的初始条件为 0，重写式(2-4-1)如下：

$$a_n \frac{d^n y}{dt^n} + \cdots + a_1 \frac{dy}{dt} + a_0 y = b_m \frac{d^m x}{dt^m} + \cdots + b_1 \frac{dx}{dt} + b_0 x$$

$$(2\text{-}4\text{-}18)$$

经拉普拉斯变换后为

$$a_n s^n Y(s) + \cdots + a_1 s Y(s) + a_0 Y(s) = b_m s^m X(s) + \cdots + b_1 s X(s) + b_0 X(s)$$

$$(2\text{-}4\text{-}19)$$

仪表的传递函数定义为

$$W(s) \equiv \frac{Y(s)}{X(s)} = \frac{b_m s^m + \cdots + b_1 s + b_0}{a_n s^n + \cdots + a_1 s + a_0} \qquad (2\text{-}4\text{-}20)$$

令 $s = i\omega$，然后分解 $W(s)$：

$$W(i\omega) = R_m + i I_m = k M(\omega) e^{i\varphi(\omega)} \qquad (2\text{-}4\text{-}21)$$

$$M(\omega) = \sqrt{R_m^2 + I_m^2}/k \qquad (2\text{-}4\text{-}22)$$

$$\tan\varphi(\omega) = I_m/R_m \qquad (2\text{-}4\text{-}23)$$

其中，$M(\omega)$ 称为幅值比；$\varphi(\omega)$ 称为相位移；$i=\sqrt{-1}$ 是虚数。

3. 一阶仪表和二阶仪表的频率特性

（1）一阶仪表

设一阶仪表微分方程为

$$a_1 \frac{\mathrm{d}y(t)}{\mathrm{d}t} + a_0 y(t) = x(t) \qquad (2\text{-}4\text{-}24)$$

定义时间常数 $\tau = a_1/a_0$，静态灵敏度 $k = 1/a_0$，并作拉普拉斯变换得到

$$(\tau s + 1)Y(s) = kX(s) \qquad (2\text{-}4\text{-}25)$$

所以，传递函数：

$$W(s) = \frac{k}{\tau s + 1} \qquad (2\text{-}4\text{-}26)$$

幅值比：

$$M(\omega) = \frac{1}{\sqrt{(\tau\omega)^2 + 1}} \qquad (2\text{-}4\text{-}27)$$

相位移：

$$\varphi(\omega) = -\arctan(\tau\omega) \qquad (2\text{-}4\text{-}28)$$

采用时间常数 τ 和角频率 ω 的乘积作为变量，画出一阶仪表的幅值比和相位移分别如图 2-4-11(a) 和 (b) 所示。

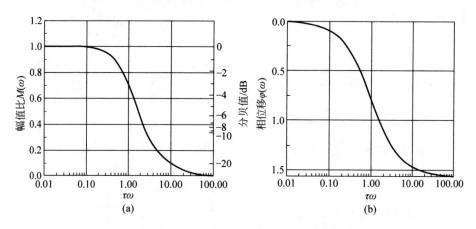

图 2-4-11　一阶仪表对于动态输入的频率特性

（a）幅值响应；（b）相位差响应

（2）二阶仪表

二阶仪表经拉普拉斯变换后为

$$(\tau^2 s^2 + 2\xi\tau s + 1)Y(s) = kX(s) \qquad (2\text{-}4\text{-}29)$$

得到

$$W(s) = k/(s^2\tau^2 + 2\xi s\tau + 1) \tag{2-4-30}$$

$$M(\omega) = 1/\sqrt{(1-\omega^2\tau^2)^2 + (2\xi\omega\tau)^2} \tag{2-4-31}$$

$$\varphi(\omega) = -\arctan(2\xi\omega\tau/(1-\omega^2\tau^2)) \tag{2-4-32}$$

在图 2-4-12 的幅值响应曲线中,当阻尼比 ξ 较小时会出现共振现象,而在输入信号频率很大时响应幅值趋于很小。这两种情况对于仪表输出都是不利的,所以需要进一步定义仪表能正常工作的频率范围。

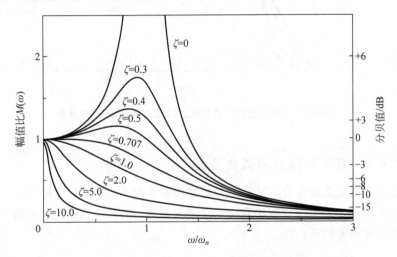

图 2-4-12 二阶仪表对于动态输入的频率特性(幅值响应曲线)

一般定义以下为通频带(transmission band):

$$0.707 \leqslant M(\omega) \leqslant 1.414$$

或

$$-3\text{ dB} \leqslant M(\omega) \leqslant 3\text{ dB}$$

其中,

$$N_{\text{dB}} = 20\lg M(\omega)$$

当 $M(\omega) \geqslant 1.44$ 时的输入频率范围称为共振带(resonance band);而 $M(\omega) \leqslant 0.707$ 时的频率范围称为过滤带(filter band)。

由于存在阻尼,因此仪表的输出对于输入会有相位上的滞后,这一特性用相位移表述,如图 2-4-13 所示。

2.4.5 相位移线性化

多数仪表设计在阻尼比 ξ 为 $0.6 \sim 0.8$,使得相位移与频率大致呈线性关系,以保持波形变化最小。

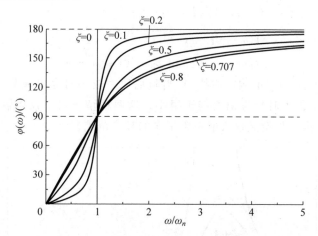

图 2-4-13   二阶仪表对于动态输入的频谱特性(相位移曲线)

2.4.6   多变量输入和偶合系统

对线性测量系统而言:如果输入变量为多个频率,则输出由每个输入响应的总和组成。如果多个仪表串联成一个测量系统,则系统总的传递函数等于每个仪表传递函数的乘积。

习题

1. 列举出两种常用的仪表,说出其功能部件。

2. 说明线性度、重复性、迟滞的区别。

3. 有一温度计,测量范围是 0~1000℃,量程范围对应的指针转角差是270°,标称的精度等级为 0.5。对此温度计用标准表检验后得到如下数据:

标准表读数/℃	0	99	202	304	398	502	604	705	800	895	1000
被检表读数/℃	0	100	200	300	400	500	600	700	800	900	1000

请问:

(1) 读数的绝对误差和相对误差的最大值各是多少?

(2) 此仪表是否满足标称的精度等级?

(3) 此仪表的灵敏度为多少?

4. 某一测量系统可用以下模型来描述:

$$0.5\frac{\mathrm{d}y}{\mathrm{d}t}+y=F(t)$$

如果输入信号 $F(t)$ 在 $t=0$ 时突然从 0 增加到 150 单位,且 $y(0)=100$ 单位。求:

(1) 系统 y 的响应表达式;

(2) 在同一图上画出输入信号曲线和系统幅值的时间响应曲线。

第3章

测量数据分析

3.1 测量系统和数据的稳定性

测量的结果产生了数据。测量数据本身的波动包含了被测对象、测量仪器和测量过程等的变化。例如,我们测量一批零件的长度,它们在图纸中应该是相同的,但测量的结果并非如此。图 3-1-1 直观地表达了测量结果和实际情况的差异。

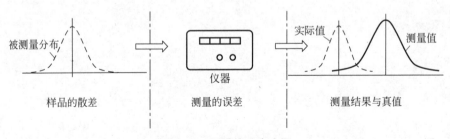

图 3-1-1　测量误差产生源

如何使测量数据尽可能准确地表达实际值? 这是本章需要讨论的问题。

我们也许希望测量的数据应该是相同的,因为我们已经尽力地保持被测量不变,但结果却是得到了一些略微分散的数据。是什么因素造成这样的结果呢? 归纳起来有以下 4 个方面:

(1) 被测量本身的波动;

(2) 测量仪器性能的波动;

(3) 环境的变化;

(4) 人为的不一致性。

广义来说,**测量系统**包括以上诸方面,因为它们都对测量结果产生作用。

我们需要对整个测量系统进行控制,以使这些因素的影响都达到很小,测量数据才能满足良好的统计条件,或者说是"平稳的"。如果其中个别因素的影响明显地比其他因素大,测量的结果可能就不是"平稳的",没有很好的统计意义。

数据的稳定性(平稳)对于测量系统很重要,因为所谓的正态分布只有在平稳的条件下才能成立。相关国际标准(如 ISO 16949)明确说明了要进行测量系统的稳定性控制。检验测量数据是否稳定,可以用休哈特(Shewhart)控制图来实现。假定测量过程在正常情况下波动,满足正态分布,休哈特建议采用界限 $\mu\pm3\sigma$ 来控制过程,即如果测量值超过上下界限,就认为测量过程有异常,需要修正。图 3-1-2 是过程的散差和休哈特控制图,其中 CL 为中心线,即 μ;UCL 为上控制限,即 $\mu+3\sigma$;LCL 为下控制限,即 $\mu-3\sigma$。横坐标是测量的子组号,例如,对某量在不同时间内一共作了 15 次测量,则子组号为 1~15。每次测量读 5 次数,则子组容量 $n=5$。需要注意的是,做休哈特控制图时要事先知道期望和方差。

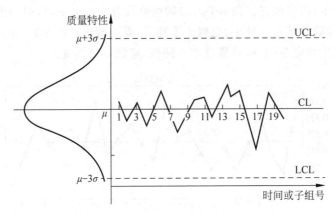

图 3-1-2　过程的散差和休哈特图

也可以采用极差来检测测量数据是否稳定,则最少每一子组号只读 2 次数(子组容量 $n=2$)就能算出极差 R。如此做成的控制图称为 $\bar{X}$-R 图(均值-极差图),它包含了 $\bar{X}$ 图和 R 图,它们总是成对出现,其中 $\bar{X}$ 图采用所有测量数据的平均值作为 CL 线,根据极差平均值和查表(见表 3-1-1)得到 LCL 线和 UCL 线;R 图以极差平均值作为 CL 线,同时查表 3-1-1 得到 R 图的 LCL 线和 UCL 线。例如,为了考察某一测量系统是否性能稳定,指定一人和一标准样件,每天对标准样件测量 2 次,得到 2 次读数的均值,以及这 2 次读数的极差(如果是 2 个以上的测量结果,则是最大值和最小值之差)。一共测 5 周,每周测 5 天,一共得到 25 个子组数,由此作出 $\bar{X}$-R 图。

表 3-1-1　$\bar{X}$-R 控制图常数表

子组容量 n	用于均值-极差($\bar{X}$-R)控制图的常数		
	A_2	D_3	D_4
2	1.880	0.000	3.267
3	1.023	0.000	2.574
4	0.729	0.000	2.282
5	0.577	0.000	2.114
6	0.483	0.000	2.004
7	0.419	0.076	1.924
8	0.373	0.136	1.864
9	0.337	0.184	1.816
10	0.308	0.223	1.777

图 3-1-3(a)～(d)是一些测量结果的 $\bar{X}$-R 图。

其中,图 3-1-3(b)说明第 9、13、18 子组的测量极差超出规定范围,所以测量过程不稳定,需要改进。图 3-1-3(c)的均值没有超过上下限,但均值的变化在第 15 次测量后出现连续减小,也属于不稳定,需要改进。图 3-1-3(a)和(d)中各子组没有超出规定范围,而且涨落基本随机,应该可以接受。

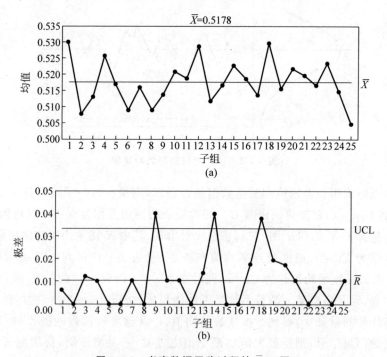

图 3-1-3　考察数据平稳过程的 $\bar{X}$-R 图

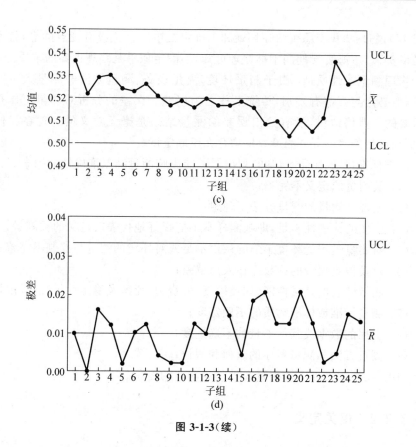

图 3-1-3（续）

　　需要强调的是,这里所指的测量系统,不只是仪表本身,还包括人、测量方法、环境等因素。而有时候,测量系统可能只包括仪表和测量条件,要注意加以区别。

$$UCL_x = \overline{X} + A_2\overline{R}$$

$$LCL_x = \overline{X} - A_2\overline{R}$$

$$UCL_R = D_4\overline{R}$$

$$LCL_R = D_3\overline{R}$$

其中,UCL_x 和 LCL_x 分别表示 $\overline{X}$ 的上、下控制限;UCL_R 和 LCL_R 分别表示 $\overline{R}$ 的上、下控制限;A_2、D_3 和 D_4 见表 3-1-1。

3.2　测量数据的不确定性

3.2.1　测量结果的不确定性

著名的物理学家、诺贝尔奖获得者费曼（Richard Phillips Feynman,1918—

1988 年)说过:"我宁愿生活在怀疑和不确定之中""完全没有疑点的事,就不可能是事实"。从海森堡的测不准原理可知,不确定似乎是物理世界的本质。

物理测量的性质是:由于测量环境、测量设备、测量方法和测量人员的特点,测值必定与真值有差别,传统上称之为误差。误差的分析对测量工作是非常重要的。严格地讲,没有给出误差的测量结果是毫无意义的。现在我们知道,更加确切的说法是:测量数据均存在不确定度。

国家标准(JJF 1059—1999)列出了可能影响测量结果准确性的因素有:

(1) 被测量的定义不完整;

(2) 复现被测量的测量方法不理想;

(3) 取样的代表性不足,即被测样本不能很好地代表所定义的被测量;

(4) 对测量过程受环境影响的认识不足或对环境的测量与控制不完善;

(5) 对模拟式仪表的读数存在人为偏差;

(6) 测量仪表的计量性能(如灵敏度、分辨力、死区及稳定性等)的局限性;

(7) 测量标准或标准物质的不确定度;

(8) 引用的数据或其他参量的不确定度;

(9) 测量方法和测量程序的近似和假设;

(10) 在相同条件下被测量在重复观测中的变化。

3.2.2 相关定义

1. 真值、测量结果、测量误差(true value, measured value, error)

如对某物理量 X 以指定的单位进行测量,则以该指定单位表示的测量误差值 $e(X)$ 的定义是

$$e(X) = x - \mu(X) \tag{3-2-1}$$

其中,x 为测量结果;$\mu(X)$ 为 X 的真值。

真值是客观存在的实际值。真值也可以是理论值,如等边三角形的每个角为 60°;或是约定值,如水的三相点为 273.16 K;或是标准值,如指定某仪表为标准等。

2. 直接测量和间接测量(direct measurement, indirect measurement)

直接测量是将被测量与同种类标准量进行比较测量的方式,如用尺子测长度。

间接测量是测量得到与被测量具有一定关系的几个量,再从这几个量中导出被测量值的测量方法。例如,可以通过计时和测量跑道长度获得跑步的平均速度。

3.2.3　误差分类

传统的概念认为测量存在误差,并把误差分为三类,分别是粗大误差、系统误差和随机误差。

1. 粗大误差(spurious error)

粗大误差是超出规定条件下预期的误差,表现为偏差粗大和出现的频率很小,如读错或仪表临时出毛病,也可能是小概率事件。

为不使粗大误差影响测量结果,在慎重地进行分析后,粗大误差可以被剔除。

2. 系统误差(systematic error)

系统误差是保持常数或以可知方式变化的误差,又称规则误差。

3. 随机误差(random error)

随机误差是由于各种内、外界不能消除的影响因素而产生的大小和符号不能预定的误差。无穷次测量下,所有这些误差之和为 0。

3.2.4　测量不确定度

前面我们谈到了测量误差,并给出了误差的分类。一些年代较久远的教科书可能只限于介绍误差及相关内容。现在,人们已经达成了共识,认为测量数据分析面对的问题应该是不确定度。

1927 年,海森堡在量子物理中首先提出不确定度的概念,1963 年美国国家标准局的学者建议在计量校准中采用该概念,1978 年国际计量局开始征集意见,到 1980 年形成文件,1993 年公布了"测量不确定度表示指南"(简称GUM)。从"测量的误差分析"到"测量的不确定度分析"走过了较长一段时间。

1. 不确定度(uncertainty)

不确定度是表征被测量的真值在某个范围内的一个评定。不确定度分析给测量者提供了一种评价测量系统和测量方法的工具。

进行测量的目的是估计真值,而真值一般是未知的。实质上我们只具备 N 个测量值 $x_i (i=1,2,\cdots,N)$ 的信息,由于真值 $\mu = x_i - e_i$,所以误差 e_i 也未知。我们的目的是从 N 个测量值 $x_i (i=1,2,\cdots,N)$ 中估计出真值的可能范围。

2. 置信概率（level of confidence）

如果把一测值作为连续型随机变量,则从理论上讲,其测量值可为±∞的任何值,这时其置信概率是100%。欲缩小误差范围,则置信概率也有所损失。通常,人们默认采用95%的置信概率作为条件。严格的表达方式应该是:测量结果必须说明其不确定度,同时给出这个不确定度范围的置信概率。置信概率有时也叫作置信水平。

3. 不确定度的分类

既然不确定度与误差有一定的关系。那么,是否也可分为系统不确定度和随机不确定度等呢?事实上并没有如此简单,国际上在不确定度分类问题上曾经存在着争论。

我国采用国际计量局的一种分类方法,将不确定度分为两类。

A 类:可用统计方法计算出的。

B 类:用其他方法计算出的。

4. 不确定度与误差的区别

以下我们罗列出一些不确定度和误差之间的差别:

(1) 误差对真值(母体)而言,不确定度对真值的估计值(子样)而言;

(2) 误差符号可正可负,不确定度只取正值;

(3) 误差按性质可分为三类,不确定度按评定方法分为两类;

(4) 符号和绝对值已知的误差可用于修正测量结果,而不确定度表述的是未定误差的特征。

本书前面介绍了误差和不确定度,并论述了在真值未知的测量中我们应该用不确定度的概念,而当真值已知时才采用误差。在本书之后的论述中,这两个概念的运用就是基于这样的判断。

3.3 随机变量的概率分布

所有测量都存在着随机误差,被测量本身被认为是离散型随机变量。

3.3.1 随机变量的数字特征

设离散型随机变量 X 的概率分布为

$$P\{X=x_i\}=P_i, \quad i=1,2,\cdots$$

其中，P_i 是 X 取得 x_i 的概率。X 的数学期望为 μ，它是个理论值。实际测量中只获得有限个测值，测值的算术平均值定义为

$$\bar{x} = \frac{1}{N} \sum_{i=1}^{N} x_i \tag{3-3-1}$$

其中，N 是测量的总次数；x_i 是测值，也叫样本。

样本标准差的定义是

$$S_x = \sqrt{\frac{1}{N-1} \sum_{i=1}^{N} (x_i - \bar{x})^2} \tag{3-3-2}$$

它反映了随机变量对数学期望的离散程度。

平均值的标准差则是

$$S_{\bar{x}} = \frac{S_x}{\sqrt{N}} \tag{3-3-3}$$

显然，测值的个数 N 越大，平均值的标准差越小，而样本的标准差随 N 的变化并不大。另外，样本的概率分布与平均值的概率分布的差异也很大。例如，假定样本符合均匀概率分布，但由样本得到的平均值却满足正态分布。这一点是重要的，因为我们在计算测量值的不确定度时，事实上忽略了被测量本身遵循的概率分布形式，而是利用样本平均值估计不确定度，且认为平均值总是遵循正态分布的。

3.3.2 直方图

设对同一量测量 N 次，得到测值 $x_1, x_2, \cdots, x_N$，可将 N 个测值按大小顺序排列，然后分成 q 组，设每组有 m_i 个数（$i = 1, 2, \cdots, q$），则以 x 为横坐标，以 m_i/q 为纵坐标画出的是直方图。足够大的 N 和合理的分割会使直方图很好地接近真实概率分布。

直方图究竟怎样分组有一定的讲究。如目前我们得到了两个分组公式：

$$K_1 = 1.87(N-1)^{0.40} + 1 \tag{3-3-4}$$

或

$$K_2 = 5\lg N \tag{3-3-5}$$

其中，K_1 和 K_2 是分组数，相当于上面讲到的 q。式（3-3-4）和式（3-3-5）都要求样本数 $N > 40$。它们在不同样本数 N 下的分组数是有差别的。表 3-3-1 是不同 N 下根据式（3-3-4）和式（3-3-5）计算得到的分组数。

从表 3-3-1 可以看出，按 K_2 分组的分组数总是少些，并且 N 越大，差别越大。当然，如果分组数不同还能得到同样形状的直方图，问题也就不是很大。

表 3-3-1 不同 N 计算出来的分组数

N	40	70	100	500	1000
K_1	9	11	12	23	30
K_2	8	9	10	13	15

图 3-3-1 是对于同一组数据，采用某一软件在不同分组数下得到的结果。其中，图 3-3-1(a) 与 (b)(c)(d) 相差较远。现在，许多软件会提供自动生成

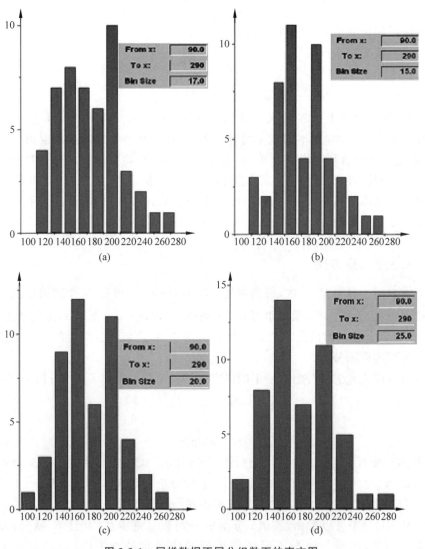

图 3-3-1 同样数据不同分组数下的直方图

的直方图,在使用时需要加以注意。并不是随便产生一个直方图就能很好地说明数据的分布特性。

3.3.3　正态分布

由众多微小扰动因素合成的随机误差,或大子样随机分组平均后合成的随机误差,都遵从正态分布。正态分布在实验中很重要,因为当我们需要维持某一参数稳定时,往往需要控制其他参数,使它们产生的影响达到最小。那么,这就是众多微小扰动合成问题。另外,许多仪表在采集数据时为了得到稳定输出,会事先对一定时间间隔内采集的数据进行平均再输出。

正态分布的概率密度函数为

$$p(x) = \frac{1}{\sigma\sqrt{2\pi}}\exp\left(-\frac{(x-\mu)^2}{2\sigma^2}\right) \qquad (3\text{-}3\text{-}6)$$

其中,数学期望为 μ;方差为 σ^2。正态概率密度分布见图 3-3-2。

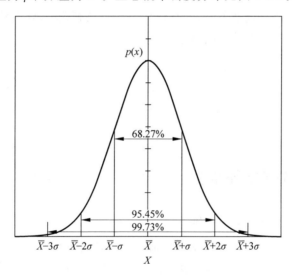

图 3-3-2　正态概率密度分布

从图 3-3-2 可以看到,在距离 μ 为 σ 以内的概率(指概率密度分布曲线下的面积)为 68.27%,2σ 以内的概率为 95.45%,3σ 以内的概率为 99.73%。

3.3.4　均匀分布

平衡指示器调整不准、数字式仪表最后一位 ±1 不能分辨、数据截尾引起的误差等,属于均匀分布,它的概率密度函数为

$$f(x) = \begin{cases} 1/2e, & |x-\mu| \leqslant e \\ 0, & |x-\mu| > e \end{cases} \tag{3-3-7}$$

其中,数学期望是 μ;方差为 $e^2/3$。

3.3.5 反正弦分布

有些电干扰信号引起的误差属于反正弦分布:

$$f(x) = \frac{1}{\pi\sqrt{e^2-(x-\mu)^2}}, \quad |x-\mu| < e \tag{3-3-8}$$

其中,数学期望为 μ;方差为 $e^2/2$。

反正弦分布表现为发生概率随偏离期望的距离增大。

3.3.6 三角分布

如果仪表的倍率调准不好,此时信号为 0 时没有误差,随着信号增大,其误差也成正比增大。三角分布的概率密度函数为

$$f(x) = \frac{e+(x-\mu)}{2e^2}, \quad |x-\mu| < e \tag{3-3-9}$$

其中,数学期望为 $\mu+\dfrac{e}{3}$;方差为 $2e^2/9$。

3.4 测量数据处理步骤

3.4.1 系统偏差的修正

系统性的偏差简单地讲就是测量值的平均值与真值/标准值之间有一个接近固定值的差别,即偏倚(bias),也称为偏移。偏倚的修正一般采用两种方法:一是标定;二是改变测量方法。

标定在 2.2 节中做了论述,它意味着有一个被认为是正确的量可以作为比较。仪表本身需要定期标定,使用中如果检修时或者怀疑有问题也需要标定。标定的结果减小了偏倚,使之在可以接受的范围之内。

通过改变测量方法修正仪表偏倚可以是:万用表调换测量端,可以消去万用表零漂的影响;更换另一台仪器或另一个测量者。有意思的是,要估计不确定度时,需要尽量维持测量环境不变,而如果想要发现系统偏差,则往往需要改变测量条件。

3.4.2　可疑值的剔除

尽管我们努力保持在良好条件下获得一组测量数据,但有些时候可能是读数时出了错,也可能是仪表损坏了,也可能是出现了小概率事件,会有个别与众多数据偏离较大的数,有必要对这些数进行剔除。为了忠实于实验,剔除数据应该非常慎重并遵从给定的准则。

1. 3σ 准则

这是比较简单的一种方法。对测量得到的数据从大到小(或从小到大)依次排列。只要某一值 $|x_i - \bar{x}| > 3S_x(i = 1, 2, 3, \cdots)$ 就剔除。剔除一个数后还需重新计算平均值和样本方差。数据个数最好大于 10。

在国际标准和我国标准中,还使用其他重要准则。

2. 格拉布斯准则(Grubbs)

选出数据中最大的一个数或最小的一个数,作它与平均值的偏差的绝对值,然后与样本的标准差 S_x 作比较,若比值大于某个限值 T_G,则该数据可舍弃。如此重复使用,直到没有异常值为止,如公式(3-4-1)所示。不同置信概率下 Grubbs 公式的系数如表 3-4-1 所示。

$$\frac{|x_1 - \bar{x}|}{\sqrt{\dfrac{\sum\limits_{i=1}^{N}(x_i - \bar{x})^2}{N-1}}} > T_G, \quad T_G = C_0 + C_1 N^{-\frac{1}{2}} + C_2 N^{-1} + C_3 N^{-\frac{3}{2}} + C_4 N^{-2}$$

$$(3\text{-}4\text{-}1)$$

其中,x_1 是 $x_{\max}$ 或 $x_{\min}$。

表 3-4-1　不同置信概率下 Grubbs 公式的系数

置信水平/%	C_0	C_1	C_2	C_3	C_4
95	3.9452	-9.1567	18.8390	-28.9070	16.0230
99	4.2755	-8.1124	13.3480	-26.2180	19.3890

另外,还有狄克逊(Dixon)准则,t-准则等,由于这些准则公式和系数比较多,加上现在通常采用软件计算,在此不再介绍,有兴趣的读者可以参考相关资料。

3.4.3 子样均匀性检验

子样均匀性检验就是为了判断一组数据是否符合某种随机分布。检验方法有许多,下面主要介绍两种比较有特色的作图法,再简单说明其他方法。

1. 作图法

(1) 亨利线法

亨利线法可适用于任何分布,比较直观,但一般认为其只能作定性判断。以正态分布为例,它的累积概率图为图 3-4-1。

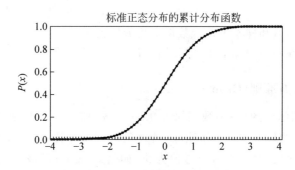

图 3-4-1　正态分布的累计概率曲线

正态概率纸的基本思想是把图 3-4-1 的曲线通过纵坐标变换成直线。其做法是:在横坐标上使它能容纳全部数据,并等分为 10～20 格。纵坐标上各点刻度均分,中点标为 50%,以上依次分别标为 61.2%、72.4%、80.2%、87.4%、92.1%、95.5%、97.6% 和 98.8%;以下则依次是 38.8%、27.6%、13.6%、7.9%、4.5%、2.4% 和 1.2%。然后,把测量得到的数据适当分组后按累积概率标在坐标上。

用亨利线作图时,数据最好在 100 以上,否则组数不能被分得足够多。该方法还具有一定的任意性,组数分得要合适,分组太多会造成不均匀的假象,太少会造成均匀的假象。

图 3-4-2 中,中间的直线表示正态分布,而其他线都在不同程度上偏离了正态分布。

亨利线是早期的一种检验方法,正态概率纸现在基本不再出售。有些软件可以提供类似的功能,如 Matlab 中的 normplot(x),Origin 中 Plot 栏的 histogram+probabilities。但似乎真正的亨利线还需要自己动手绘制。

(2) Q-Q 图

Q-Q 图是确定两组数据是否来自同一分布的图形技术。这里 Q 是英文

quantile 的简写,指分位数点。所谓分位数点,是指有多少比例的数据小于该点。例如,0.3 分位数点是指有 30% 的数据小于该点的值,而 70% 的数据大于该点的值。在直角坐标系中,通常以纵坐标指示实验数值,横坐标指示理论值,同时,绘制一条 45°的参考线(假定横坐标和纵坐标刻度、间距相同)。如果两组数据都具有完美的相同分布,则得到的坐标点应该落在这条参考线上。反之,坐标点偏离参考线越远,则说明这两组数差异越大,参见图 3-4-3。

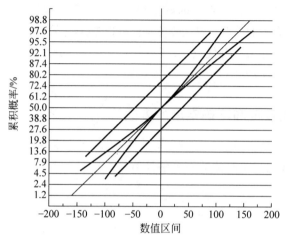

图 3-4-2 亨利线

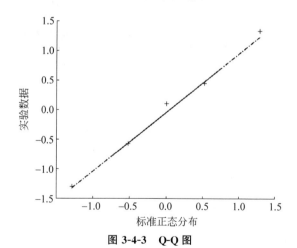

图 3-4-3 Q-Q 图

例题

有 5 个认为是来自正态分布的实验数据:3.93,1.77,2.36,3.2,2.92,先作

标准化:$\overline{x}=2.836$ $S_x=0.822$,标准化值 $d_i=\dfrac{x_i-\overline{x}}{S_x}$。对 d_i 排队得

$$-1.296, \quad -0.571, \quad 0.102, \quad 0.443, \quad 1.331$$

查表①得到

$$-1.285, \quad -0.525, \quad 0, \quad 0.525, \quad 1.285$$

Matlab 中提供了相关的语句以完成 Q-Q 图：qqplot(x)，免去了查表的麻烦。

2. 其他方法

以上介绍的是作图法，它们的好处是直观、易记。另外，还有如 χ^2 检验法等数值法，也是重要的检验方法，感兴趣者可以参考有关资料。

事实上，检验方法各有优点，又各有缺点。因此，要作出一个判断通常需要应用两种以上的检验方法。

3.4.4 测量值和不确定度的表达

设经过修正、剔除、检验过的测值为 $x_1, x_2, \cdots, x_N$，则在 N 较大时以其算术平均值作为被测对象真值的一个估计值：

$$\bar{x} = \frac{\sum\limits_{i=1}^{N} x_i}{N} \tag{3-4-2}$$

以平均值标准差作为标准不确定度 $u(x)$ 的一个估计。标准差的计算方法是

$$S_x = \sqrt{\frac{1}{N-1} \sum_{i=1}^{N} (x_i - \bar{x})^2} \quad (\text{样本标准差}) \tag{3-4-3}$$

$$S_{\bar{x}} = \frac{S_x}{\sqrt{N}} \quad (\text{平均值标准差}) \tag{3-4-4}$$

于是，对真值的估计表示为

$$\mu = \bar{x} \pm U(X) = \bar{x} \pm t_{\nu,p} S_{\bar{x}} (P\%) \tag{3-4-5}$$

其中，$t_{\nu,p}$ 与自由度 $\nu = (N-1)$ 和置信概率 P 有关。

在 95% 和 99% 的置信概率下：

对 $N > 30$ 正态分布

$$t_{95} = 1.96, \quad t_{99} = 2.58$$

对 $N < 30$ 正态分布

$$t_{\nu,95} = 1.96 + 2.36/\nu + 3.2/\nu^2 + 5.2/\nu^{3.84}$$

---

① 查表是根据计算值 $\Phi(x) = \dfrac{2i-1}{2N}$，由标准正态分布累积概率表（见附录表 A-7）查得 x。这里，i 取 1,2,3,4,5,N 是实验数据总个数 5。

$$\nu = N - 1$$

注解：（1）$t_{\nu,p}$ 称为包含因子（coverage factor），也有文献称为扩展系数。

（2）自由度 ν 是指方差计算中，求和的项数减去约束个数。它反映实验数据标准差的可靠程度，包含因子的确定依赖自由度。

（3）带有包含因子的不确定度称为扩展不确定度 U，没有乘以包含因子时，称为标准不确定度 u。实验数据样本的平均值标准差是标准不确定度的一个估计。

例题

某实验中，测量到的差压读数（单位：mmH_2O）有 49 个，分别为

200，218，191，113，153，182，138，249，198，269，
145，168，235，194，163，137，177，193，156，194，
157，139，221，163，192，194，109，135，207，205，
151，149，226，178，164，182，193，120，157，140，
138，131，161，163，171，223，119，157，181

从时间序列上只能看到一组随机的数，如图 3-4-4 所示。

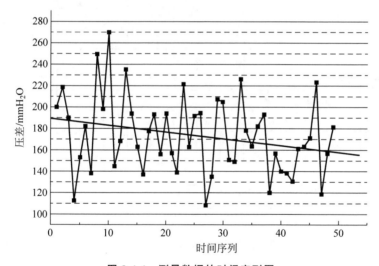

图 3-4-4　测量数据的时间序列图

从图 3-4-4 可以看出，这似乎是一个平均值在缓慢减小的随机过程。许多实验难以达到理想状态，只能当作平稳过程来对待，即假定测量值围绕一个不变的值上下波动。由这组数计算得到一些基本参数：

$$\bar{x} = 173.45$$

$$S_x = 35.81$$

$$S_{\bar{x}} = 5.12$$

$$x_{\min} = 109$$

$$x_{\max} = 269$$

$$\text{range} = 160$$

采用 3σ 法进行数据剔除：

$$|x_i - \bar{x}| > 3S_x$$

因为，任何 x_i 都有

$$|x_i - \bar{x}| < 3S_x = 107.4$$

所以，没有数据需要剔除。实际上，该组数据的分散性是比较大的，所以剔除的限制会比较宽松。

采用亨利线法作数据的均匀性检验，按前面所说的办法作出亨利线如图 3-4-5 所示。

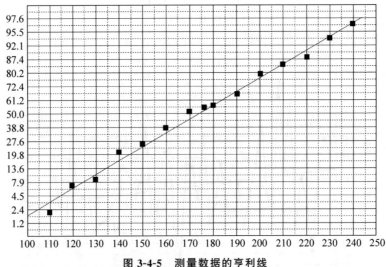

图 3-4-5　测量数据的亨利线

由亨利线可以看出，数据中有些点偏离直线较多，整体上讲，分布很难说是良好地满足均匀性及正态分布。

测量结果表示为

$$x = 173 \pm 10 \text{(mm)}, \quad P = 95\%$$

或

$$x = 173 \pm 13 \text{(mm)}, \quad P = 99\%$$

这里，还需要再强调一下 $S_{\bar{x}}$ 和 S_x 在测量中的不同意义。类似上面的结果，是表示 95% 的测量值在 $[163,183]$ 吗？耐心数一下测量值就会发现只有 11 个数在此区间，只占 22%。但如果用 $S_x = 35$ 来计算区间（乘以包含因子

1.96),得到[104,242],再去数一数会发现 47 个数在其中,占 96%。所以,我们的结果表示**平均值**作为真值的估计,平均值有 95% 的置信概率在[163,183],而不是单一的测量值有 95% 的概率落在[163,183]。如果我们再做一次测量,只能保证 95% 概率落在[104,242],但如果把这一次的测量值和前面的 49 个数加起来作平均,则 95% 概率落在[163,183]。

　　另外,正如 3.3 节中所说,样本的概率密度分布和样本平均值的分布是不一样的。图 3-4-6 是数值模拟的 4 个直方图,其中图(a)是均匀分布下的样本分布结果;图(b)是均匀分布下每 2 个样本相加后作平均的结果,趋近三角分布;图(c)和图(d)分别是 3 个样本平均和 10 个样本平均的结果,趋近正态分布;而且图(d)比图(c)的分布显得更窄。

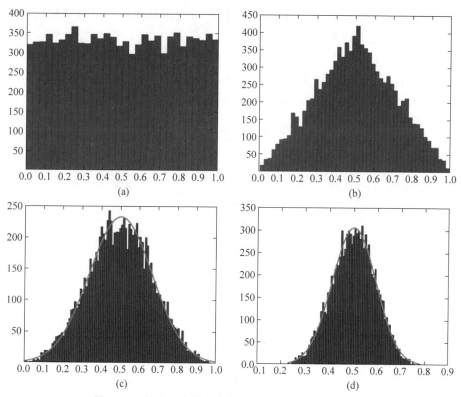

图 3-4-6　均匀分布样本直方图和样本平均值的直方图

　　平均值的标准差随实验重复数 N(样本数)增大而减小,而样本的标准差则基本不变。不确定度则是对应着平均值的标准差。

　　按照国家标准,不确定度的表示一般用 1～2 位有效数字,所以这个例子中我们给出 10 或 13,而计算得到的平均值 173.45 中个位数后的数字也没有必要保留。注意,对于测量而言,千万不要随便增加有效数字的位数。

3.5 间接测量下不确定度的传递（propagation）

许多情况下存在间接测量问题，如通过测量圆柱体的高度和直径获得其体积。这时候，要回答体积的不确定度，需要研究它如何受到高度和直径不确定度的影响，这就是所谓不确定度的传递问题。处理不确定度传递的方法可分为传统方法和蒙特卡罗（Monte-Carlo）方法，下面对这两种方法加以介绍。

3.5.1 传统方法

先讨论自变量只有一个的情况，如我们通过测量圆的直径来获得它的面积。这样的问题可以表达为

$$y = f(x) \tag{3-5-1}$$

假定对 x 进行 N 次测量，得到 $x_1, x_2, \cdots, x_N$，这些测值与它们的平均值 $\bar{x}$ 的差别较小，我们可以采用一阶泰勒（Tailor）展开的方法来表示相应的 y_i：

$$y_i \approx f(\bar{x}) + \left(\frac{\mathrm{d}y}{\mathrm{d}x}\right)_{x=\bar{x}}(x_i - \bar{x}) \tag{3-5-2}$$

通过式(3-5-2)构建 y_i 的标准差和 x_i 标准差之间的关系（把约等号用等号代替，而且 $\bar{y} = f(\bar{x})$），有

$$y_i - \bar{y} = \left(\frac{\mathrm{d}y}{\mathrm{d}x}\right)_{x=\bar{x}}(x_i - \bar{x}) \tag{3-5-3}$$

$$(y_i - \bar{y})^2 = \left(\frac{\mathrm{d}y}{\mathrm{d}x}\right)_{x=\bar{x}}^2 (x_i - \bar{x})^2 \tag{3-5-4}$$

采用样本标准差和平均值标准差的定义，我们得到

$$S_y^2 = \left(\frac{\mathrm{d}y}{\mathrm{d}x}\right)_{x=\bar{x}}^2 S_x^2 \tag{3-5-5}$$

$$S_{\bar{y}}^2 = \left(\frac{\mathrm{d}y}{\mathrm{d}x}\right)_{x=\bar{x}}^2 S_{\bar{x}}^2 \tag{3-5-6}$$

有了以上表达式，则带有包含因子的不确定度之间的关系也就可以得到。注意到样本平均值构成的分布总是正态分布，所以包含因子也都是在正态分布假定下取值。

这样就得到 y 的扩展不确定度和 x 的平均值标准差之间的关系：

$$U(y) = t\sqrt{\left(\frac{\mathrm{d}y}{\mathrm{d}x}\right)^2} S_{\bar{x}} \tag{3-5-7}$$

例如，对于前面提到的圆的面积问题，已知圆面积为 $A = \pi r^2$，则不确定度

关系为 $u(A)=2\pi\bar{r}u(r)$，其中 $u(r)$ 是由 r_i 的平均值的标准差估计的不确定度。圆面积的扩展不确定度由 $u(A)$ 乘以包含因子获得。

3.5.2 相关系数

如果自变量不止一个，例如，通过测量直径和高度来获得圆柱体的体积，这时候按 3.5.1 节的做法求 y_i 的标准差会出现一个新的问题。假设直径和高度分别为 x_1 和 x_2，则体积为

$$y=f(x_1,x_2) \tag{3-5-8}$$

$$y_i-\bar{y}\approx\left(\frac{\partial y}{\partial x_{1i}}\right)(x_{1i}-\bar{x}_1)+\left(\frac{\partial y}{\partial x_{2i}}\right)(x_{2i}-\bar{x}_1) \tag{3-5-9}$$

这里，我们省略了偏导的下标，默认偏导是在 $x_1=\bar{x}_1,x_2=\bar{x}_2$ 处进行。为了求出标准差，对式(3-5-9)两边平方：

$$(y_i-\bar{y})^2=\left(\frac{\partial y}{\partial x_1}\right)^2(x_{1i}-\bar{x}_1)^2+\left(\frac{\partial y}{\partial x_2}\right)^2(x_{2i}-\bar{x}_2)^2+$$

$$2\left(\frac{\partial y}{\partial x_1}\right)\left(\frac{\partial y}{\partial x_2}\right)(x_{1i}-\bar{x}_1)(x_{2i}-\bar{x}_2) \tag{3-5-10}$$

类似于前面构造平均值标准差的做法，对式(3-5-10)求和并加以处理，有

$$S_y^2=\left(\frac{\partial y}{\partial x_1}\right)^2S_{x_1}^2+\left(\frac{\partial y}{\partial x_2}\right)^2S_{x_2}^2+2\left(\frac{\partial y}{\partial x_1}\right)\left(\frac{\partial y}{\partial x_2}\right)\rho_{x_1x_2}S_{x_1}S_{x_2} \tag{3-5-11}$$

这里定义了相关系数：

$$\rho_{x_1x_2}=\frac{\sum_{i=1}^N(x_{1i}-\bar{x}_1)(x_{2i}-\bar{x}_2)}{\sqrt{\sum_{i=1}^N(x_{1i}-\bar{x}_1)^2\sum_{i=1}^N(x_{2i}-\bar{x}_2)^2}} \tag{3-5-12}$$

相关系数反映了 x_1 和 x_2 之间是否存在关联性。如果 x_1 和 x_2 这两个测量数是独立的，意味着它们各自对于自己平均值的偏差是随机的，在样本数很大的情况下就会相互抵消，于是相关系数趋向 0。我们称此时 x_1 和 x_2 相互独立。

如果它们不是相互独立的，相关系数就不等于 0，这时候会影响我们对于 y 的不确定度估计值的判断。相关影响因素比较多，如同用一把尺子测量圆柱体的直径和高度，如果尺子本身的测量结果偏大，就可能同时反映在直径和高度上，结果都偏大，这就是相关。同一人员测量也可能产生相关问题，如读数的偏好。当然，也有一些变量之间存在一定关系，如气体压强往往与温度有关，如果我们通过测量温度和压强来获得气体某些特征量，这时候就存在变量本身的相

关问题。

相关系数如果是正数,称为正相关;如果是负数,则是负相关。有时,我们会把一些逻辑判断认为毫无关系的两个测量值当作互相独立,如管式炉中的温度与环境中的 PM2.5 之间应该不相关。有时候可能难以给出它们相关的依据,只能采用相互独立处理。

如果 $y=f(x_1,x_2,\cdots,x_L)$,而且自变量相互独立,则

$$u_y = \sqrt{\sum_{i=1}^{L}(\theta_i u_{xi})^2} \tag{3-5-13}$$

$$\theta_i = \frac{\partial y}{\partial x_i}\bigg|_{x_i=\bar{x}_i} \tag{3-5-14}$$

在正态分布假设下合成不确定度的有效自由度 v_{eff} 由韦尔奇-萨特思韦特(Welch-Satterthwaite)公式计算:

$$v_{\text{eff}} = \frac{(u_y)^4}{\sum_{i=1}^{L}((\theta_i u_{xi})^4/v_i)} \tag{3-5-15}$$

其中,u_y 是合成标准不确定度;u_{xi} 和 v_i 分别是自变量 x_i 的标准不确定度和自由度($i=1,2,\cdots,L$)。由 v_{eff} 得到包含因子从而计算出 u_y 的扩展不确定度。

3.5.3　蒙特卡罗(M-C)法

一种新的计算间接测量不确定度的方法是蒙特卡罗法,这种方法利用测量数据根据贝叶斯(Bayes)定律按给定的概率分布由计算机产生大量随机数,然后进行不确定度传递的分析。蒙特卡罗方法为解决自变量与因变量之间具有复杂关系式或非线性关系式等提供了便利。国际计量组织对此有详细的论述(参见 GUM Supplement-1)。蒙特卡罗方法还可以帮助我们进行数值实验。有些情况下在实验中采集数据可能很困难,如花费了大量的时间和精力可能才得到 3~5 个数据,要进行统计和分析很困难。在已知分布规律的情况下,蒙特卡罗方法可以帮助我们了解变量之间的可能关系,这对于实验设计很有帮助。

不过请记住,数值实验并不能代替真正的测量。

下面是一个例子,描述测量数据不确定度的传递,包括传统方法和蒙特卡罗方法。

直接测量圆柱体的直径和高度,由分度值为 0.01 mm 的测微仪重复测量各 6 次,测量值列于表 3-5-1 中。

表 3-5-1 圆柱体直径和高度的测量值

i	直径 D_i/mm	高度 h_i/mm
1	10.075	10.105
2	10.085	10.115
3	10.095	10.115
4	10.060	10.110
5	10.085	10.110
6	10.080	10.115

首先计算出直径和高度的平均值：

$$\overline{D}=\frac{\sum\limits_{i=1}^{6}D_i}{6}=10.080 \text{ mm}$$

$$\overline{h}=\frac{\sum\limits_{i=1}^{6}h_i}{6}=10.112 \text{ mm}$$

则体积 V 的平均值（估计值）为

$$\overline{V}=\frac{\pi\overline{D}^2}{4}\overline{h}=806.93 \text{ mm}^3$$

求体积 V 的合成标准不确定度：

$$u_c(V)=\sqrt{\left(\frac{\partial V}{\partial D}\right)^2 u_1^2+\left(\frac{\partial V}{\partial h}\right)^2 u_2^2+2\rho(D,h)\left(\frac{\partial V}{\partial D}\right)\left(\frac{\partial V}{\partial h}\right)u_1 u_2}=1.33 \text{ mm}^3$$

其中，直径和高度的相关系数为

$$\rho(D,h)=\frac{\sum\limits_{i=1}^{6}(D_i-\overline{D})(h_i-\overline{h})}{\sqrt{\sum\limits_{i=1}^{6}(D_i-\overline{D})^2\sum\limits_{i=1}^{6}(h_i-\overline{h})^2}}=0.52$$

如果采用 M-C 法：

直径和高度的平均值分别服从正态分布 $N(\overline{D},s(\overline{D}))$ 和 $N(\overline{h},s(\overline{h}))$。采用 M-C 方法产生 M 对随机数，对它们计算出标准不确定度的估计值如表 3-5-2 所示。

可以看出，当 M 较大时，标准差与传统方法基本一样。

注：如果测量的直径和高度数据的散差很大，这时候采用传统方法估计不确定度可能会有问题，因为传统方法作 Taylor 展开时只保留一阶。

表 3-5-2 蒙特卡罗方法在不同取样数下计算的标准差

随机数个数 M	平均值 $\bar{V}/\mathrm{mm}^3$	标准差 $\mu(\bar{V})/\mathrm{mm}^3$
10	807.099	1.04
10^2	806.904	1.40
10^4	806.934	1.29
10^6	806.927	1.30

最后用不确定度表示圆柱体体积 V 的结果为
$$V = (806.9 \pm 1.3)\,\mathrm{mm}^3$$

M-C 方法可以采用 Matlab 实现：如产生平均值 X_m、标准差 S_x 的正态概率分布下的 1 行 N 列的数据 X，可采用以下语句：
$$X = \mathrm{normrnd}(X_m, S_x, 1, N)$$

注意：有些随机变量自己遵循正态分布，但它的函数一般不一定服从正态分布。例如，设 X 满足标准正态分布，我们知道它对于均值 0 是对称的，但 X^2 的概率分布不会对于它自身的均值对称。

如果每组产生 N 个数据（等于真实实验次数），经传递后再作平均，一共进行 M 组（M 是大数，如 10 000 次或更大），这时候 M 个平均值应该总是满足正态分布。

另外，M-C 方法的样本可以取得很大，这不等于最后的不确定度会随着这一样本不断减小，不确定度的大小已由实验数据的数目决定。

3.6 关于 B 类不确定度

我们知道，B 类不确定度是不能用统计的方法处理的。获得 B 类不确定度的信息来源一般有：

由制造厂给出的技术指标、以前的数据或资料给出的数据、检定证书给出的精度等级，等等。例如，仪表标称的分辨率、厂方给出的精度等级、重复性、线性度等，它们的特点是不能给出概率分布。

B 类不确定度的估计由于缺乏完整的理论支持，许多要依靠经验或人为规定。例如：

（1）有时候可能只有很少的测量点，如极端情况下只有一个测点，它的不确定度可以从仪表的精度来估计。假设使用的仪表最大允许误差限是 Δ_{Ins}，则仅进行单次测量时的不确定度可以用式（3-6-1）来估计：

$$u = \frac{\Delta_{\mathrm{ins}}}{\sqrt{3}} \tag{3-6-1}$$

（2）数字显示仪表,其分辨力为 δ_x,则标准不确定度 u 可取 $0.29\delta_x$。

（3）B 类不确定度的包含因子也很难有严格的依据,一般为 2~3。

3.7　不确定度的合成

不确定度的合成采用几何合成的思想,当被测量值互不相关时:

$$u(x) = \sqrt{u^2(x_1) + u^2(x_2) + \cdots} \qquad (3-7-1)$$

当同时存在 A 类不确定度和 B 类不确定度时,合成时需要指出来:

$$u(x) = \sqrt{(u_B)^2 + (s_{\bar{x}})^2} \qquad (3-7-2)$$

除了少数情况(如物理常数)外,大多数情况下需要给出扩展不确定度。简单的处理方法是,假定满足 95% 置信概率而取包含因子为 2,特殊情况除外。

3.8　一些常见的问题

对于同种仪表,要选用多高精度为好? 关于这一点,国际标准(ISO 16949)认为,测量仪表的分辨力最好是所期望的最大测量误差的 1/10。例如,测量一个工件的长度,工艺规定长度差别不能大于 0.1 mm,那么,采用的量具分辨力应为 0.01 mm。但这一要求并非总是能做到,有时候可能会降低仪表的精度要求,如是最大测量误差的 1/4。

第 2 章已经定义了分辨力,但当我们拿到仪表时,直观看到的只有刻度,分辨力与刻度是相关的,或者说与仪表的有效读数是相关的。对于数字仪表,有效读数应该是可以读出的数字,不包括快速变化的数字。

讨论有效数据对于测量是很重要的事。一方面,过于精密的仪表价格昂贵,操作复杂,对环境要求高,增加了测量成本;另一方面,精度太低的仪表达不到测量所需的目的。

对于模拟类的仪表,如指针或标尺,读数时一般读到刻度之下一半即可。如刻度为 1 mm 的尺子,估计到 0.5 mm 即可。有人喜欢读出类似 0.3 mm、0.6 mm 的数值,这会带有更多的人为因素。

数据个数也是一个很实际的问题,很多场合下我们不会对一个稳定的被测量做大量的测量,除非特别需要,这是因为需要消耗大量的时间和精力。当然也有例外,如采用计算机采集,1 s 可以记录数百个数据。不过,对于计算机采集的数据要有所注意。假设传感器本身的响应时间是 0.3 s,那么 1 s 采集数百个数据,有许多数据会是重复的。另外,计算机采集数据的有效位数是由采集电路本身的位数决定的,不能与我们测量的有效数字相混淆。

如果为了收集更多的数据而延长了测量时间,则测量条件有可能会发生变化。所以,对于不同的测量数据个数,需要采取不同的估计不确定度的方法。例如,只有一次测量,要通过仪表的刻度来估计;2~5 次的测量,采用极差的方法估计;5~30 次的测量,需要考虑样本个数的统计估计;30 次以上的测量,则认为是大数。当然,理想情况下测量的数据量增加,对减少由于随机因素引起的不确定度是有好处的。

3.9　实验数据的曲线拟合

到现在为止,我们只是讨论一个量的测量和分析问题。

如果在 x-y 关系上得到一系列量的实验数据,利用回归分析(regression analysis)可以得到 x 和 y 的经验关系式。

最小二乘法(least-squares)是常用的多项式回归分析方法,所得到的多项式拟合公式为

$$y_c = a_0 + a_1 x + a_2 x^2 + \cdots + a_m x^m \tag{3-9-1}$$

应用最小二乘法时常会遇到以下两种情况。

(1) 线性拟合及不确定度

线性拟合是最常见的曲线拟合,许多情况下即使变量关系不是线性的,我们也希望通过变量置换得到线性关系,如求对数等。这样做的原因是:关于线性回归分析的理论基础完善。我们可能常会提出疑问,既然可以使用计算机,为什么仪表的输入输出关系还在乞求线性呢?直观的解释是:如果是线性问题,我们就可以在量程范围内利用所有的数据,使拟合的不确定度减小。如果是非线性拟合,我们可能使用到感兴趣的点及其周围少量点的数据,因而使不确定度增大了。

线性回归分析采用公式:

$$Y = a + bx \tag{3-9-2}$$

拟合测量点 (x_i, y_i),$i = 1, 2, \cdots, n$,目标是使 $\sum\limits_{i=1}^{n} (y_i - Y_i)^2$ 最小。

其中,a 和 b 不是绝对准确的,它们分别有自己的表达式:

$$a = \frac{\sum\limits_{i=1}^{n} y_i \sum\limits_{i=1}^{n} x_i^2 - \sum\limits_{i=1}^{n} x_i \sum\limits_{i=1}^{n} x_i y_i}{n \sum\limits_{i=1}^{n} x_i^2 - \left(\sum\limits_{i=1}^{n} x_i \right)^2} \tag{3-9-3}$$

$$b = \dfrac{n\sum\limits_{i=1}^{n} x_i y_i - \sum\limits_{i=1}^{n} x_i \sum\limits_{i=1}^{n} y_i}{n\sum\limits_{i=1}^{n} x_i^2 - \left(\sum\limits_{i=1}^{n} x_i\right)^2} \tag{3-9-4}$$

对应的方差分别为

$$s_a^2 = \dfrac{\sum\limits_{i=1}^{n}(y_i - Y_i)^2}{(n-2)\sum\limits_{i=1}^{n}(x_i - x_m)^2} \tag{3-9-5}$$

$$s_b^2 = \dfrac{\sum\limits_{i=1}^{n}(y_i - Y_i)^2}{n-2}\left(\dfrac{\dfrac{1}{n}\sum\limits_{i=1}^{n} x_i^2}{\sum\limits_{i=1}^{n}(x_i - x_m)^2}\right) \tag{3-9-6}$$

s_a, s_b 分别是进行线性拟合时斜率和截距的标准不确定度,如果要计算出扩展不确定度,还需要知道自由度才能得到包含因子。这一因子在数值上类似前面讲过的单点测量问题,可以进一步参考相关资料。

有一点需要指出:当我们在用拟合公式(3-9-2)时,实际上是假定自变量 x 的精度足够高,不将其当作随机变量;而 y 的不确定度比 x 的不确定度大许多,因而把 y 当作随机变量。

如果采用 Matlab 或 Origin 计算和绘制线性拟合曲线,软件会同时给出拟合系数的不确定度。

例题

Matlab 中输入:(注意 x 和 y 后要加转置号)

```
x = [5.30,5.55,5.80,6.05,6.30]';
y = [1.646,1.271,0.890,0.523,0.140]';
xz = [ones(length(x),1),x];
[b,bint] = regress(y,xz)
```

输出为

```
b =
9.6172  - 截距 ; -1.5040  - 斜率
bint =
  9.5256    9.7088    - 95 % 置信概率下截距下、上限
 -1.5198   -1.4882    - 95 % 置信概率下斜率下、上限
```

如果是在 Origin 中进行,则输入 x 和 y 两列数据之后,在 analysis 中用 fit-linear 直接得到如图 3-9-1 所示的结果。

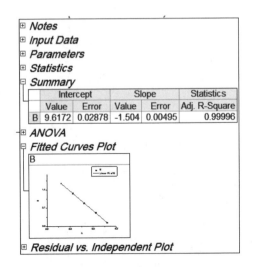

图 3-9-1　采用 Origin 进行线性拟合的结果

从 Matlab 结果的 95％上、下限和 Origin 中的 error 可以计算出,包含因子应该约为 3.2,这是因为自由度比较小。

(2) 高阶多项式拟合

如果必须采用高阶多项式拟合,有一点需要记住:并非拟合的阶数越高效果就越好,最好多试一试不同阶数,检查所产生的效果。

3.10　测量系统的 GR&R

作为本章的结束,我们来谈一谈 GR&R,其是英文 Gauge Repeatability and Reproducibility 的缩写,是仪表重复性与再现性的简称。更广泛地说,GR&R 属于"仪表系统分析"(MSA)的一部分。

对于一个工厂、实验室或研究单位,怎样评价其水平呢? 有许多指标,其中一项工作就是要评价其测量系统的水平。此类工作源于 QS 9000(国际著名汽车公司联合质量保障体系),后来被 ISO 采纳,贯彻在 ISO 16949 中。GR&R 的做法很具体,可操作性强,在这里介绍如下。

一个工厂如此之大,如何判断其测量水平的高低呢? 做法是抽样,就是说,通过一个具体实例判断测量系统的重复性和再现性,从而评价工厂测量水平的高低。这里,测量系统由仪器、操作人员、测量用工装夹具等共同构成。

3.10.1　GR&R 的目的

GR&R 旨在通过统计分析评估一个测量系统的能力,为测量仪器和操作者状况的改进提供参考。这里的重复性和再现性的定义如下。

重复性指用同一仪器,由同一位操作者,短期内多次测量相同零件某一量时的结果变化(偏差)。重复性为测量系统本身产生的随机误差。

再现性指不同操作者以同一仪器测量同一产品时,测得平均值的差异。在测量环境影响下,这是重复测量结果的差异(操作者,装夹,位置,环境条件,较长的时间因素)。

重复性和再现性的表述不一定与我们前面所讲的完全相同,但核心思想应该是一样的。

3.10.2　相关指标

重复性误差用 EV 表示(来源于仪表误差)。

再现性误差用 AV 表示(来源于操作人员误差)。

重复性与再现性误差为

$$R\&R = \sqrt{EV^2 + AV^2} \tag{3-10-1}$$

被测对象(零件)本身的散差用 PV 表示。最后测量结果得到的总体误差为

$$TV = \sqrt{R\&R^2 + PV^2} \tag{3-10-2}$$

判断的指标有两方面。

(1) 判定 1

重复性误差>再现性误差

① 仪器需加以保养;

② 仪器需要重新选择;

③ 改进夹具和使用环境;

④ 零件存在过大散差。

重复性误差<再现性误差

① 操作者培训不足 ;

② 仪器校正不足;

③ 采用夹具或软件协助操作者。

(2) 判定 2

定义:GR&R=(R&R/TV)。

① GR&R≤10%:测量系统可接受;

② 30%>GR&R>10%:可接受,或不接受,决定于该测量系统的重要性,改进所需费用等因素;

③ GR&R>30%:测量系统不能接受,需要进一步改进。

3.10.3　GR&R 的具体做法

准备工作：

至少 2 个测量者、10 个零件，测量 2 次以上；

样品要求：

样品应在能代表整个作业范围的过程中随机地选取(包括可能超出规格的样品)。

仪器要求：

(1) 确保测量仪器是依照正确的标准得到了标定；

(2) 测量系统分辨力应小于零件要求公差的 1/10；

(3) 读数估计是取至最小刻度的 1/2。

操作者要求：

(1) 每位操作者得到了良好的教育训练，能熟练、正确地操作测量仪器；

(2) 确保每位操作者完全明白进行 GR&R 分析的每一个步骤及注意事项。

例题

以下数据是随机抽取的 10 个样品，由 A、B、C 三位测量员进行测量，每个样品由每人随机测量 2 次。数据和整理的结果见表 3-10-1。

表 3-10-1　GR&R 工作和输出表格

A	零件1	零件2	零件3	零件4	零件5	零件6	零件7	零件8	零件9	零件10	L	平均值	极差Rp
1													
2 测者A-1次	0.65	1	0.85	0.85	0.55	1	0.95	0.85	1	0.6		0.83	
3 测者A-2次	0.6	1	0.8	0.95	0.45	1	0.95	0.8	1	0.7		0.825	
4 平均值	0.625	1	0.825	0.9	0.5	1	0.95	0.825	1	0.65		0.8275	
5 极差	0.05	0	0.05	0.1	0.1	0	0	0.05	0	0.1		0.045	
6													
7 测者B-1次	0.55	1.05	0.8	0.8	0.4	1	0.95	0.75	1	0.55		0.785	
8 测者B-2次	0.55	0.95	0.75	0.75	0.4	1.05	0.9	0.7	0.95	0.5		0.75	
9 平均值	0.55	1	0.775	0.775	0.4	1.025	0.925	0.725	0.975	0.525		0.7675	
10 极差	0	0.1	0.05	0.05	0	0.05	0.05	0.05	0.05	0.05		0.045	
11													
12 测者C-1次	0.5	1.05	0.8	0.8	0.45	1	0.95	0.8	1.05	0.85		0.825	
13 测者C-2次	0.55	1	0.8	0.8	0.5	1.05	0.8	0.8	1.05	0.8		0.83	
14 平均值	0.525	1.025	0.8	0.8	0.475	1.025	0.95	0.8	1.05	0.825		0.8275	
15 极差	0.05	0.05	0	0	0.05	0.05	0	0	0	0.05		0.025	
16													
17 零件平均值	0.567	1.008	0.8	0.825	0.458	1.017	0.942	0.783	1.008	0.667		0.8075	0.559
18													
19 极差平均值=[M5+M10+M15]/[3人]												0.04	
20 平均值极差=M4-M9												0.06	
21 M19*[d4*=3.27]=UCL												0.13	
22 M19*[d3*=0]=LCL												0	
23													
24 SigmaE=M19/[d2*(2, 30)=1.128]												0.03546	
25 EV=5.15*M24												0.18	
26 AV=M20/[d2*(3, 1)=1.911]*5.15												0.16	
27 PV=N17/[d2*(10, 1)=3.179]*5.15												0.91	
28 TV=(EV^2+AV^2+PV^2)^(1/2)												0.94	
29 %R&R=(EV^2+AV^2)^(1/2)/TV												25.50%	

由于表格一般采用标准格式,因此这里进一步作解释如下。

(1) 第 21 行、22 行的 UCL 和 LCL 分别表示控制上限和控制下限。由于极差总大于 0,所以 LCL=0。d4 * 和 d3 * 是对应的控制参数,按子组容量查相关表格(这里容量为 2,d4 * =3.27,d3 * =0。参考表 3-1-1 的 D_3 和 D_4)可得。

(2) 第 24 行的 d2 * 也是根据数据的子组数和子组容量查表可得。如用每人测量值的平均值计算极差(AV)时,是 1 组数、3 个人(0.8275,0.7675,0.8275),所以取 d2 * (3,1);而在第 27 行中计算 PV 时按 10 个零件取值,所以取 d2 * (10,1)。

(3) 第 24 行的 SigmaE 相当于"方差",由极差转成"方差"需要除以 d2 *。重复性误差 EV 规定等于 5.15 倍的 SigmaE。再现性误差 AV 的计算比较麻烦,需要在人员误差(对于零件平均值)的极差(M20)中扣去重复性引起的每个零件的误差。

(4) 最后评估结果:得到 GR&R 是 25.5%,重复性(18%)和再现性(16%)相当,但零件散差较大(91%)。所以该工厂的 GR&R 处于 10%~30%,测量系统属于可接受水平,但较差;人员水平略高于仪器水平。如果希望该结果得到改进(或加工要求较高质量的产品),首先要升级仪器,进一步考虑人员再培训。

(5) 目前使用软件作 GR&R,所以控制参数不用查表。

习题

1. 对于一些质量控制不足的批量产品,曾经采用筛选的方法。这样,其性能分布可以用截尾正态分布表示。已知它的概率密度函数为

$$f(x)=\begin{cases}\dfrac{C}{\sigma\sqrt{2\pi}}\exp\left(-\dfrac{(x-\mu)^2}{2\sigma^2}\right), & |x-\mu|\leqslant e \\ 0, & |x-\mu|\geqslant e\end{cases}$$

其中,μ,σ,e 已知;C 是待定常数。求系数 C,期望 $E(x)$ 和方差 $D(x)$。

2. 重复测量某个电阻,所得测量值为

测量序号	1	2	3	4	5
电阻/Ω	101.2	101.7	101.3	101.0	101.5
测量序号	6	7	8	9	10
电阻/Ω	101.3	101.2	101.1	101.3	101.1

要求:(1) 根据 3σ 判据检查和剔除异常数据。

(2) 求出该组测量值的算术平均值和平均值的均方根(注意结果表示的小数点位数)。

3. 采用正态概率纸方法(亨利法)检验子样均匀性的做法是：横坐标能容纳全部数据,并等分为 10～20 格;纵坐标也是等分的,但标注方法为中点标50%,以上分别为 61.2%,72.4%,80.2%,87.4%,92.1%,95.5%,97.6%,98.8%;中点以下为 38.8%,27.6%,19.8%,13.6%,7.9%,4.5%,2.4%,1.2%。作图时注意数组分配要适当。今有以下数据:

200,218,191,113,153,182,138,249,198,269,145,168,235,194,163,137
177,193,156,194,157,139,221,163,192,194,109,135,207,205,151,149
226,178,164,182,193,120,157,140,138,131,161,163,171,223,119,157
181

(1) 采用正态概率纸方法和 Q-Q 图方法画出曲线,并与正态分布作比较。

(2) 如果以上数据是节流件上、下游的压差 Δp,而差压与通过节流件之间流体的流量 Q 之间的关系为：$Q = K \sqrt{\Delta p}$(其中 K 是常数,设为 1,且不考虑其不确定度)。采用传统求导方法和蒙特卡罗方法求 Q 的不确定度。

4. 测量圆柱体的直径 D 和高度 h,由分度值为 0.01 mm 的测微仪重复测量各 6 次,测得值列于下表中:

原始测量数据

i	直径 D_i/mm	高度 h_i/mm
1	10.075	10.105
2	10.085	10.115
3	10.095	10.115
4	10.060	10.110
5	10.085	10.110
6	10.080	10.115

采用蒙特卡罗方法模拟圆柱体体积 V 的概率分布。其做法是：分别对随机变量 D 和 h 抽样,产生服从正态分布 $N(\overline{D}, s(\overline{D}))$,$N(\overline{h}, s(\overline{h}))$,加上均匀分布(测微仪的示值误差是：范围为 ±0.01 mm 并满足均匀分布)的 10、10^2、10^4、10^6 个随机数,进而可以得到 V 的平均值和标准差。求出估计值 V 的概率分布和测量不确定度。

第4章

温 度 测 量

4.1 温标

人们最早可能是从一年四季中感觉到冷和暖,因而产生了温度的概念。国外早期据说是从阿里斯多德的概念中,以等量沸水和冰放在一起得到"中性"温度。从汉字中也可看到我国古代对温度的认识和"分度"。

冰 冻 冷 凉(人体为基准)温 热 烫 灼

关于温度的科学定义是:表征平衡物体之间共同热平衡状态的物理量。从统计物理学角度看:温度反映物体内部分子不规则运动的平均动能的大小。

温度是国际规定的 7 个基本量之一。温度的测量引出了温标的概念。

温标是温度的数值表示方法。它的重点并非是从物理概念上表明温度的本质,而是着重在数值上准确表达不同的温度值。温标包含 3 个要素:

(1)基准点;(2)标准仪表;(3)插补公式

其中,基准点也叫定义定点,顾名思义就是对一些固定点给定其数值(如水的三相点是 273.16 K 或 0.01℃);标准仪器是指定某些仪器作为在一定温度范围内的标准仪器;插补公式是根据一定理论在各基准点之间形成连续温度曲线。

基于温标发展的时间历程,温标的使用有经验温标、热力学温标和国际实用温标。

4.1.1 经验温标,热力学温标,国际实用温标

经验温标中,温度数值的表示需借助某种测温物质的性质。例如,选择水银,并规定水的冰点为 0℃,沸点为 100℃,其间按体积差等分 100 格,每格为 1℃,这就是建立经验温标的基本思想。经验温标表达起来具体且容易实现,但

其缺点是其为选用不同物质建立的经验温标,除特定点外,其他点温度的显示值会有所差异。如在对某一温度,选择水银建立经验温标时,测得它是 50℃,而若选择 CS_2,将会发现它的温度为 49.5℃。

1848 年汤姆逊(William Thomson,1824—1907 年)提出了**热力学温标**的概念,他是根据卡诺可逆热机的效率推导出此概念的。热力学温标与物质的具体形式无关,是唯一能统一而又明确描述热力学性质和现象的量,因而被公认为最基本的温标。后来,汤姆逊被授予开尔文(Kelvin)勋爵荣誉,所以,热力学温标又称开尔文温标。

热力学温标是一种理想的温标,但热力学温度测定要求装置非常复杂,操作也比较麻烦,所以,1927 年第七次世界计量大会拟定了**国际实用温标**(International Practical Temperature Scale,IPTS),之后作了较大的修改,得到IPTS-68。1976 年又补充了临时实用温标 EPT-76,主要是在低温范围 0.5～30 K。之后个别数据还不断作了修正,后来执行的是 1990 年的国际实用温标(ITS-90)。实用温标一般隔几年会进行更新,更新时版本基本架构不变,只是对个别数据做了调整,使之更加精确,或范围更广。

4.1.2　常见的几种温度单位

摄氏温度:日常生活和工业中常应用,由瑞典的摄尔修斯(Anders Celsius)于 1742 年提出,记为℃。

华氏温度:有些国家还在采用,如美国。由德国的华伦海特(Daniel Gabriel Fahrenheit)于 1715 年提出,记为℉。

热力学温度:即前面所讲,也叫绝对温度,记为 K。

以上 3 种温标的关系为

$$t_C = \frac{5}{9}(t_F - 32) \tag{4-1-1}$$

$$T_K = 273.15 + t_C \tag{4-1-2}$$

有些参考文献中还会出现温度单位℉R(Rankine),称兰金温度,它是热力学温标的华氏刻度。

4.1.3　国际实用温标 IPTS-68

1968 年所公布的国际实用温标似乎有了重要突破,而且奠定了实用温标的基本框架,在此对其作专门介绍。作为国际实用温标,它应具备:

(1) 在温度数值上非常接近相应的热力学温度;

(2) 测量容易,又有较高的复现精度;

（3）规定的温度计性能稳定，使用方便。

鉴于以上原则，IPTS-68 包含了如下 3 项内容。

（1）规定 13 个可复现的热平衡态点（基准点），给定它们的温度值，也称定义定点。

（2）每个温区规定标准温度计，它们用定义定点校正（标准仪器）。

（3）给出标准温度计示值与国际实用温度值之间的关系，即内插外推公式（插补公式）。

① IPTS-68 定义的固定点如下：

H_2 三相点	13.81 K
H_2(25/76 atm)沸点	17.042 K
H_2 沸点	20.28 K
Ne 沸点	27.102 K
O_2 三相点	54.361 K
Ar 三相点	83.806 K
O_2 冷凝点	90.188 K
H_2O 三相点	273.16 K（规定值）
H_2O 沸点	373.16 K
Sn 凝固点	505.118 K
Zn 凝固点	692.73 K
Ag 凝固点	1235.08 K
Au 凝固点	1337.58 K

② IPTS-68 定义的标准温度计和插补公式。

（a）13.81～273.15 K，0～630.74℃。

铂电阻温度计：

查铂电阻温度计分度表，或采用公式 $W=1+A(t-t_0)+B(t-t_0)^2$。

（b）630.74～1064.40℃。

铂铑$_{10}$-铂热电偶：

查表铂铑$_{10}$-铂热电偶分度表，或采用公式 $E=a+bt+ct^2$。

其中，铂铑$_{10}$ 指 90％铂和 10％铑组成的合金丝。

（c）1064.43℃以上。

单色光高计：依照普朗特黑体辐射公式。

温标的定义随着测量水平不断发展，也有一定的修正。例如，H_2 的三相点在 1990 年重新定义为 13.8033 K，而银的凝固点重新给出为 1234.93 K。另外，1990 年定义的温度范围也有所变化，从 0.65～1358 K，包含了 14 个定义点：从

H_2 的三相点到 Cu 的凝固点。而且,从 13.8033~1234.93 K 用铂热电阻作为标准仪器,1234.94 K 以上用光学高温计,等于去除了热电偶作为标准仪表。

从温标的基本定义我们也可以分析出温度测量可能产生的基本误差来源:首先是定义定点本身的准确性,假定所公布的数据是准确的,如对于 1968 年 Zn 的凝固点是 692.73 K,如果想要在这点温度附近得到小于 0.01 K 的测量误差,可能是做不到的。另外,插补公式和标准仪器都会产生误差,这些我们将在介绍相关仪器时尽可能叙述。

辅助阅读:绝对零度的值是怎么得到的?

1702—1703 年:Guillaume Amontons 通过气体温度计测量水的沸点和冰点,从而计算出绝对零度是−240℃。

1777 年:Johann Heinrich Lambert 得到绝对零度是−270℃。

1802 年:JH Gay-Lussac 给出绝对零度是−273℃。

1848 年:William Thomson 根据气体在冰点的膨胀系数(0.003 66)得到绝对零度为−1/0.003 66=−273.22℃。

1930 年:详细的实验得到绝对零度是−273.15℃。

1968 年:国际组织最终确定绝对零度为−273.15℃,水的三相点规定为 273.16 K,而 1 K 规定为绝对零度和水三相点温差的倒数:1/273.16。

绝对零度−273.15℃好似是实验得到的一个结果,但我们知道绝对零度无法实现,所以这个结果应该是外推的约定值,如图 4-1-1 所示。

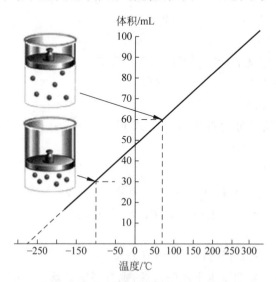

图 4-1-1　预测绝对零度的原理示意图

图 4-1-1 说明,在假定理想气体条件下可以根据仔细测量低温下给定气体

的体积和温度,然后通过外推的方法算得绝对零度,当然前提是这条外推线是直线。

4.2 玻璃温度计

玻璃温度计是在玻璃管内封入水银或其他有机液,利用封入液体的热膨胀进行温度测量的一种温度计。它的特点是结构简单、价格便宜、制造容易、有一定的精度,但易损坏、可能产生汞害。

4.2.1 结构

玻璃温度计的结构包括:感温泡、毛细管、浸没线、刻度板、杆体、安全泡、保护套(未画出),如图 4-2-1 所示。

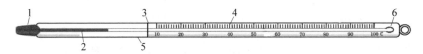

1—感温泡;2—毛细管;3—浸没线;4—刻度板;5—杆体;6—安全泡。

图 4-2-1 玻璃温度计结构示意图

4.2.2 测量原理

物体受热时膨胀:

$$V = V_0(1 + \beta t) \tag{4-2-1}$$

其中,V_0 是 0℃时液体的体积;β 是体膨胀系数。

由于液体随温度膨胀大于温度计玻璃的膨胀,因此两者之差使液体沿毛细管上升,上升高度为 L。感温液体适用测温范围和体膨胀系数如表 4-2-1 所示。

表 4-2-1 感温液体适用测温范围和体膨胀系数

液 体	测温范围/℃	体膨胀系数/℃⁻¹
水银	$-30 \sim +800$	0.000 18
乙醇	$-70 \sim +100$	0.001 12
甲苯	$-90 \sim +100$	0.001 09
石油醚	$-190 \sim 0$	0.001 42
煤油	$-100 \sim +100$	0.000 95

一般的水银温度计的测量范围是 $-30 \sim +150$℃,为提高测量上限,可在毛细管中注入保护气体以防氧化和蒸发,保护气体的品种和压力如表 4-2-2 所示。

表 4-2-2 保护气体的品种和压力

水银温度计上限/℃	保护气体	气体压力/(10^5 Pa)
400	氮	3
450	氮	6
500	氮	13
600	氩	27

4.2.3 玻璃温度计的可能误差

1. 浸入深度

应该注意玻璃温度计上浸没线位置的不同,使用时需要保持温度计工作时置于浸没线处,露出规定浸没线一部分会引起误差。

2. 零点变化

长期使用后,玻璃温度计零点会缓慢上升,这主要由玻璃老化引起,Jena 玻璃在最初一年内零点升高 0.03℃,以后逐年变小。石英玻璃一般没有零点变化问题。

3. 压强变化

玻璃感温泡近似于一薄壁空心圆柱体,外界压力增加 Δp,感温体积缩小 ΔV,使液柱微小上升。

4. 时间滞后

不同温度的物体接触,需经一定时间才能达到热平衡,这叫作时间滞后效应,即第 2 章讲到的一阶仪表的时间常数问题。

例如,一支玻璃温度计初始温度示值为 25℃,插入 100℃ 的恒温槽中,大致需 20 s 后温度才能为 99.9℃。

4.3 电阻温度计

电阻温度计是利用金属或半导体的电阻与温度呈一定函数关系的原理而制成的温度仪表。

电阻温度计的特点是测量精度高、性能稳定,信号可以远传和记录;但体积较大,反应速度较慢(半导体电阻温度计除外)。

4.3.1 金属导体测温原理

1. 电阻产生的原因

我们都知道,对于导体有

$$R = \rho \frac{L}{S} \tag{4-3-1}$$

其中,ρ 为电阻率,与材料有关;L 为长度;S 为横截面积。

从微观角度讲(见图 4-3-1),金属内部的原子按一定规则排列,称为晶格。晶格之间利用金属键结合成一定结构,相同结构的域构成晶粒,其最小形式是晶胞,晶粒之间形成界面。晶格间的距离与元素性质、温度和压力都有关。晶格本身在其平衡位置上进行热振动。晶格浸在高浓度的自由电子之中,这些电子在晶格之间运动,形成"电子云"。运动中的电子被晶格中的缺陷、界面及晶格本身的热振动所散射,一定程度上限制了自由电子的运动,从而决定了电阻率的大小。有关电阻的 Bloch 理论可得到

$$\sigma = \frac{ne^2\tau}{m} \tag{4-3-2}$$

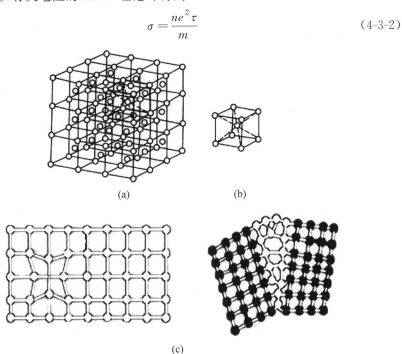

(a)　　　　　　(b)

(c)

图 4-3-1　金属的微观结构

(a) 晶格;(b) 晶胞;(c) 缺陷

其中，σ 为金属电导率（$\sigma = 1/\rho$）；n 为自由电子密度；e 为电荷；τ 为弛豫时间，表示电子在随机运动中两次碰撞间受力作用时间；m 为电子有效质量。对纯金属，弛豫时间是唯一与温度有关的量。

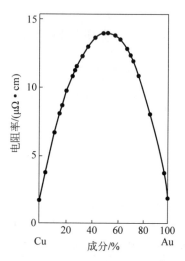

金属导体的电阻一般随温度升高而增大，纯金属电阻率与温度基本呈线形关系，考虑到热膨胀等因素，经常要增加温度的二次项。

对于合金，常会因为晶格无序而产生比纯金属大几倍的电子-声子散射项，因而导致电阻增大。一开始合金的电阻随掺杂量线性增加，后来就呈非线性的关系了，如图 4-3-2 所示。

图 4-3-2 合金引起电阻率的变化

所以，温度和纯度是影响金属电阻的最直接因素，压力、加工和成形过程也会从微观结构上影响金属的电阻。

以上叙述说明制成热电阻金属丝的要求很高，而且使用过程也可能对其质量的变化产生影响。

2. 电阻与温度的关系式

对电阻温度计，其导体的电阻与温度的关系可用某一温度 T 下的**温度系数**表示：

$$\alpha = \frac{1}{R}\frac{\mathrm{d}R}{\mathrm{d}T} \tag{4-3-3}$$

其中，α 为温度系数，$\%/\mathrm{K}$。

α 与材料纯度和加工过程等因素有关。对金属，$\alpha > 0$；而对半导体，$\alpha < 0$。在用于温度测量时，一般希望 $|\alpha|$ 大些。

另外，定义**电阻比** $W(t)$：

$$W(t) = \frac{R_t}{R_{t_0}}$$

通常令 $t = 100℃$，$t_0 = 0℃$，得到一特定电阻比，记为 $W = \dfrac{R_{100}}{R_0}$，铂电阻 $W = \dfrac{R_{100}}{R_0} = 1.391$。

并非任何金属的电阻随温度的变化都具有很好的线性特性，从图 4-3-3 可以看出,镍金属似乎不具有稳定的电阻比。

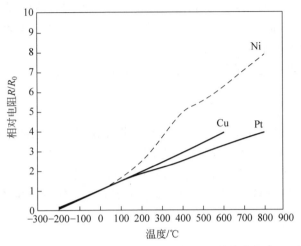

图 4-3-3　不同金属电阻比随温度的变化

考虑电阻温度计的电阻与温度的精确关系时,可用式(4-3-4)表示:

$$R_t = R_0 \left[1 + A(t - t_0) + B(t - t_0)^2 + \cdots \right] \qquad (4\text{-}3\text{-}4)$$

其中,R_0 是参考温度 t_0 下的电阻;A,B 为系数。

3. 铂电阻温度计

铂(Pt)电阻的重要特点是稳定性好,它在高温下的物理、化学性质都非常稳定。国际实用温标 IPTS-68 中规定在 $-259.34 \sim 630.74℃$ 温区内以铂电阻温度计作为标准仪器,ITS-90 中则进一步用铂电阻取代了热电偶。

高精度测温铂电阻温度计的支架材料除云母、石英外,还可用陶瓷甚至玻璃。支架材料应该具有体膨胀系数小、绝缘性能好、耐高温等特点。

为使热电阻体免受腐蚀性介质的侵蚀和外界机械损伤,一般在外面加金属保护套,有时还充入保护气体。如图 4-3-4 所示为实验标准热电阻的一种结构。

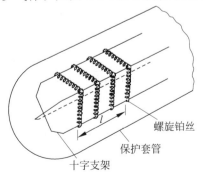

图 4-3-4　实验室标准热电阻的一种结构

工业用的铂电阻温度计为了使结构坚固,铂丝完全固定于支架上,因而热应力和杂质扩散会导致其降低精度。这种温度计通常有两种,在 0℃时分别为 50 Ω 和 100 Ω(有时分别记为 Pt50 和 Pt100),在不同温度下电阻与温度的关系可采用分度表来表示。

一般铂电阻温度计的精度为 0.15~0.50℃。

4. 其他金属电阻温度计

除铂电阻温度计在工业上应用广泛外,铜电阻温度计也被普遍使用。铜的价格低廉,铜电阻温度计的常用测温范围在 -50~+150℃。

另外,还有用于高温测量的高温铂电阻温度计(测定范围可达到 1000℃),用于低温测量的铑铁、铂钴、铟、锰等金属温度计(测温范围在 0.1 开至几十开)。

5. 标准热电阻温度计

标准热电阻温度计一般分为 50 Ω 和 100 Ω 两种(0℃)。如铜热电阻温度计的分度表有如表 4-3-1 所示的形式。

表 4-3-1 铜热电阻分度表(部分)

分度号 Cu50　　　　$R(0℃) = 50.000\ \Omega$　　　　$R_{100}/R_0 = 1.428 \pm 0.002$

温度/℃	0	-1	-2	-3	-4	-5	-6	-7	-8	-9
-10	47.854	47.639	47.425	47.210	46.995	46.780	46.566	46.351	46.136	45.921
-0	50.000	49.786	49.571	49.356	49.142	48.927	48.713	48.498	48.284	48.069
0+	50.000	50.214	50.429	50.643	50.858	51.072	51.286	51.501	51.715	51.929
10	52.144	52.358	52.572	52.786	53.000	53.215	53.429	53.643	53.857	54.071
20	54.285	54.500	54.714	54.928	55.142	55.356	55.570	55.784	55.998	56.212
30	56.426	56.640	56.854	57.068	57.282	57.496	57.710	57.924	58.137	58.351
40	58.565	58.779	58.993	59.207	59.421	59.635	59.848	60.062	60.276	60.490
50	60.704	60.918	61.132	61.345	61.559	61.773	61.987	62.201	62.415	62.628
60	62.842	63.056	63.270	63.484	63.698	63.911	64.125	64.339	64.553	64.767
70	64.981	65.194	65.408	65.622	65.836	66.050	66.264	66.478	66.692	66.906
80	67.120	67.333	67.547	67.761	67.975	68.189	68.403	68.617	68.831	69.045
90	69.259	69.473	69.687	69.901	70.115	70.329	70.544	70.762	70.972	71.186
100	71.400	71.614	71.828	72.042	72.257	72.471	72.685	72.899	73.114	73.328

4.3.2 半导体热敏电阻

由于半导体本身物质结构的特点,当温度升高时,其内部的带电荷粒子浓度加大,从而使得导电性增加。半导体热敏电阻具有负的温度系数。

常见的热敏电阻是将锰、钴、镍等氧化物与两根导线烧结而成各种形状,外加玻璃保护层。

它们的电阻与温度关系可近似表示为

$$R_T = R_0 e^{\beta\left(\frac{1}{T} - \frac{1}{T_0}\right)}$$ (4-3-5)

其中,R_T 是温度为 T 时的电阻值;R_0 是参考温度 T_0 下的电阻值;e 是自然对数,为 2.718 28…;β 为热敏电阻常数,与材料和几何尺寸有关;T 是绝对温度,K。

热敏电阻的特点是温度系数大,体积小因而反应快,测温范围一般在 $-100 \sim +300$℃;其缺点是互换性差、不稳定和非线性。

图 4-3-5 是反映热敏电阻特性的示意图。

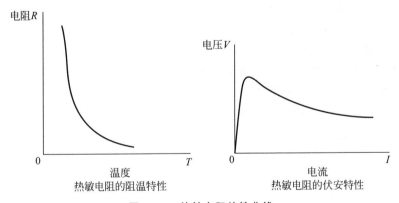

图 4-3-5 热敏电阻特性曲线

4.3.3 电阻的测量方法

由于电阻温度计需要精确地测量不同温度下的电阻,包括去除各种影响因素,因而发展出了专门的电阻测量方法。

热电阻测量可以采用平衡电桥法。

图 4-3-6(a)中,R_2、R_3 为比例臂,R_1 为可变臂,R_T 为热电阻,R_W 为热电阻的引线电阻。当调节 R_1 使检流计 G 指零时,电桥处于平衡状态。

平衡条件:$R_1 R_3 = R_2 R_X$

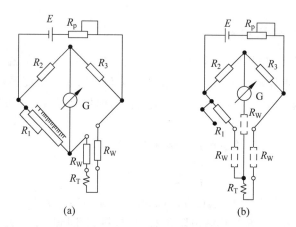

图 4-3-6　平衡电桥与两线法及三线法

（a）两线法；（b）三线法

其中，$R_X = R_T + 2R_W$。

$2R_W$ 为热电阻左右端的引线电阻之和。在误差要求不高的情况下，可认为 $R_X \approx R_T$，这种测量方法称为两线法。两线法中，引线电阻是一个主要的误差源。

为了消除引线电阻的影响，有时采用三线法或四线法，其中，三线法要求每根引线的电阻相同，四线法则没有这一要求。

利用三线法测量热电阻时，热电阻一端接一根引线，另一端接两根引线，并要求这 3 根引线的电阻相同，如用同一根导线裁成相同长度的 3 段。按图 4-3-6（b）所示连接，调节 R_1 使检流计 G 指零，则电桥平衡。

可以预先设置 $R_2 = R_3$，所以有 $(R_1 + R_W)R_3 = R_2(R_T + R_W)$，则 $R_1 = R_T$，从而消除了引线电阻产生的误差。

四线法是在热电阻两端都分别接两根引线，引线电阻可以不同，但测量时需要调换接线，比较烦琐。

4.4　热电偶温度计

热电偶温度计由热电偶、电测仪表和连接导线组成，是温度测量中最常见的仪表之一。

热电偶温度计的特点如下：

（1）温度测量范围宽，一般为 100～1300℃，特殊的为 −270～+2800℃；

（2）性能稳定，准确可靠；

（3）输出电信号，利于远传；

（4）结构简单，探头体积小，反应快。

所以，IPTS-68 中将标准铂铑$_{10}$-铂热电偶作为 630.74（锑凝点）～1064.43℃（金凝点）温区的标准温度计。尽管现在热电偶在国际实用温标中已经不再作为标准仪表，但它在工业和科学实验中的地位仍然很重要。

4.4.1 热电偶原理和热电势

1. 热电偶原理

热电偶的原理如图 4-4-1 所示，A、B 为两种不同的金属丝，K_h 为测温端，或工作端、热端，K_c 为基准端，或参考端、冷端。

如果 $K_h \neq K_c$，回路会出现电动势，称为热电势。这一现象由德国科学家塞贝克（Seebeck）发现，故又称塞贝克效应。进一步研究指出，热电势由温差电势和接触电势组成。

图 4-4-2 是塞贝克关于"热磁效应"的一个演示，他当时把这种现象称作"热磁效应"（thermomagnetic effect，1821 年）。他给出的解释为：由于温度梯度使得金属磁化，从而产生附加磁场使得小磁针偏向。他甚至认为地磁也是由南北两极温度差引起的。但事实上，塞贝克的解释并不正确，附加磁场是由于回路的电流产生的，这就是热电偶效应或塞贝克效应。

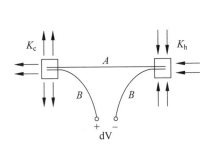

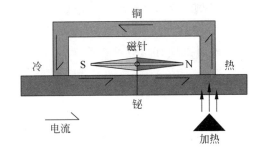

图 4-4-1　热电偶的原理　　　　图 4-4-2　塞贝克关于"热磁效应"的一个演示

塞贝克效应是一种综合效应，它由以下两个效应组成。

（1）温差电势（Thomson 效应）

温差电势指一根导体上因两端温度不同而产生的热电动势。

金属中电子的能量与温度有关，高温处电子比低温处的电子能量大，从高温跑到低温处的电子要比相反方向多，因而建立了一个从高温指向低温端的电场。此电场只与导体性质和两端温度有关，与导体长度、截面大小、沿导体上的温度分布无关。

（2）接触电势（Peltier 效应）

两种不同的导体 A 和 B 接触，由于导体内部的电子在不断运动，双方的电子会扩散到另一方去，而且 A、B 两方电子向对方扩散的速率不相同。设 A 的电子密度比 B 的大，则 A 的电子失去较多，带上正电，B 获得电子带负电。此时 A、B 接触面之间形成一电动势，称接触电势。

2. 热电偶基本定律

在实际中要应用热电偶原理测量温度时，还必须解决测量回路中存在的几个重要问题，这就是所谓的热电偶基本定律。

（1）均质导体定律

由材料成分相同的导体组成的回路，若只受温差的作用，即使有温度差也不会产生热电势。记作

$$E_A(t_0,t)=0 \tag{4-4-1}$$

说明：① 此时接触电势为 0，温差电势大小相等，方向相反。

② 如不是回路，温差电势不抵消。

③ 材料成分不同，有热电势，所以，这一原理可用来检验之。

（2）中间导体定律

在热电偶回路中接入第三种导体，只要这第三种导体的两端温度相同，则热电偶产生的热电势不变。记作

$$E_{ABC}(t_0,t)=E_{AB}(t_0,t) \tag{4-4-2}$$

说明：① 可以引入显示仪表。

② 根据此定律，可把液态或固态金属作为第三种导体而测量其温度。

（3）中间温度定律

在热电偶测量回路中，A、B 分别与导线 A'、B' 相接，A 和 A' 的接点及 B 和 B' 的接点温度都是 t_m，则回路的总热电势等于分热电势之和。记作

$$E_{ABA'B'}(t_0,t_m,t)=E_{AB}(t_0,t_m)+E_{A'B'}(t_m,t) \tag{4-4-3}$$

说明：标准热电偶基准端温度 t_0 应该是 0℃，当 $t_0 \neq 0$ 时，可用式（4-4-3）计算，这就是所谓的补偿问题。

4.4.2 标准和非标准热电偶

1. 标准热电偶

标准热电偶是指制造工艺成熟、应用广泛、性能良好而稳定、已列入工业标准文件的热电偶。我国已采用 IEC 的标准，按标准共有 7 种标准化的热电偶。

如 S 型（铂铑$_{10}$-铂，$-50\sim1700℃$）、K 型（镍铬-镍硅，$-200\sim1300℃$）、T 型（铜-康铜，$-200\sim400℃$）等。

热电偶测量温度时的标准接线方法如图 4-4-3 所示，热电偶的热电势与温度之间的关系可用分度表给出（见表 4-4-1）。

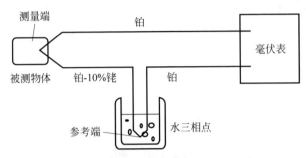

图 4-4-3 热电偶的标准测量线路图示

表 4-4-1 铜-康铜热电偶分度表（部分）

分度号：T　　　　　　　　　　　　　　　　　　　　　　　　参考端温度：0℃

温度 /℃	0	1	2	3	4	5	6	7	8	9
	热电动势/mV									
0	0.000	0.039	0.078	0.117	0.156	0.195	0.234	0.273	0.312	0.351
10	0.391	0.430	0.470	0.510	0.549	0.589	0.629	0.669	0.709	0.749
20	0.789	0.830	0.870	0.911	0.951	0.992	1.032	1.073	1.114	1.155
30	1.196	1.237	1.279	1.320	1.361	1.403	1.444	1.486	1.528	1.569
40	1.611	1.653	1.695	1.738	1.780	1.822	1.865	1.907	1.950	1.992
50	2.035	2.078	2.121	2.164	2.207	2.250	2.294	2.337	2.380	2.424
60	2.467	2.511	2.555	2.599	2.643	2.687	2.731	2.775	2.819	2.864
70	2.908	2.953	2.997	3.042	3.087	3.131	3.176	3.221	3.266	3.312
80	3.357	3.401	3.447	3.493	3.538	3.584	3.630	3.676	3.721	3.767
90	3.813	3.859	3.906	3.952	3.998	4.044	4.091	4.137	4.184	4.231
100	4.277	4.324	4.371	4.418	4.465	4.512	4.559	4.607	4.654	4.701
110	4.749	4.796	4.844	4.891	4.939	4.987	5.035	5.083	5.131	5.179
120	5.227	5.275	5.324	5.372	5.420	5.469	5.517	5.566	5.615	5.663
130	5.712	5.761	5.810	5.859	5.908	5.957	6.007	6.056	6.105	6.155
140	6.204	6.254	6.303	6.353	6.403	6.452	6.502	6.552	6.602	6.652

2. 非标准热电偶

非标准热电偶主要用于特殊场合，如超高温、超低温、有辐射场等情况。

（1）测高温用热电偶

铂铑系：测温范围 1100～1800℃。

铱铑系：测温范围 1100～2000℃。

钨铼系：测温范围 0～2400℃（3000℃）。

（2）测低温用热电偶

镍铬-金铁：测温范围 2～273 K。

4.4.3 热电偶的构造

热电偶温度计除核心部分热电偶丝外，还包括保护管、补偿导线、基准接点和测量仪表。工业应用的热电偶外形如图 4-4-4 所示。

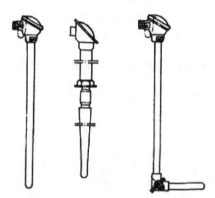

图 4-4-4 工业应用的热电偶外形

1. 热电丝

热电丝材料要求其物理、化学性能稳定，热电势大、线性好、机械性能好，价格便宜等。

热电丝的直径一般在 0.3～3 mm。

测量端可用电弧、乙炔对焊等方法焊接（见图 4-4-5），只要保持良好接触，则焊接方法不影响热电势。也有专门用于焊接热电偶的焊接机。

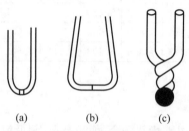

(a)　　　(b)　　　(c)

图 4-4-5 热电偶测量端的不同接法

2. 绝缘材料

绝缘材料用于保持两热偶丝之间绝缘以免短路。低温下可用橡胶、塑料等；高温时可用氧化铝、陶瓷等。

3. 保护套

保护套可以防止热电偶受化学腐蚀和机械损伤。根据具体条件采用不同材料：贵金属热电偶因为常用于高温测量，保护套用石英（1300℃）、陶瓷（1600℃）、石墨（1600℃）等非金属材料制成。

廉金属且用于中低温的热电偶，可用铜（350℃）、软钢（600℃）、不锈钢（1200℃）等材料制成。

4. 延长线/补偿导线

用于制成热电偶的金属丝有可能价格比较昂贵，或者机械性能不太好。如果测量的地方和数据采集的地方相距很远，需要考虑使用专门的延长线/补偿导线。它们一般是热电性能与相应热电偶丝接近的专门导线，但价格便宜，机械性能好。虽然它们在热电势精度上表现略差，但由于延长线工作的温差小，因此带来的误差很小。有专门制成的热电偶延长线可供购买。

4.4.4 铠装热电偶

铠装热电偶是在薄型金属管中装入热电偶的偶丝，并在其中牢固地填充绝缘材料，制成的坚实的组合体。

铠装热电偶出厂时形如电缆，需要时剪断，并对端部加工即成。

与普通热电偶相比，铠装热电偶的特点是：

(1) 保护性好，抗机械冲击，抗化学侵蚀；

(2) 可挠性好，适合各种复杂的测量条件；

(3) 外径可做得很小，反应快。

4.4.5 冷端补偿

冷端不为 0℃ 时，可采用计算法或补偿器法等进行补偿。

例如，采用 T 型热电偶测温，参考端为 10℃，测得热电势为 4.3 mV，这时根据中间温度定律，需要查出 10℃(0.391 mV)，由热电势之和 4.3 mV＋0.391 mV＝4.691 mV 反查分度表得到测量端温度约为 109℃。这就是计算法。

冷端补偿器通常采用电路的方法，专门产生一个数值上很小的电势来补偿参考端温度不为 0℃ 带来的影响。

4.4.6　热电势的测量

热电势可用毫伏计直接测量,但有时精度可能不满足要求。电位差计方法能够提供比较精确的读数。当然,测量精度还与温差有关,如果测量端与参考端温度比较接近,则相对误差会较大。

4.5　辐射温度计

4.5.1　概述

当我们接近热源时,有温暖的感觉,这就是由热辐射(thermal radiation)引起的。物体只要不处于绝对零度,就会释放出辐射能。热辐射是具有一定温度的物体本身释放出的电磁波,波长范围在 $0.1 \sim 1000\,\mu m$,包括可见光、红外线和一部分紫外线。温度越高,辐射能越大,根据这一道理可制成辐射温度计。

辐射温度计的特点是测温时仪表探头不需与被测对象接触,同时,不受被测对象高温的限制。

4.5.2　热辐射的理论基础

由于物体受热,激励了原子中带电粒子产生热振动,使一部分热能以电磁波的形式向空间传播,称为热辐射。不同的物质、不同的温度、不同的波长,其辐射的能量不同。

在不透明的物质上开一个空洞,留一个很小的口,洞壁的温度保持恒定。这时从外界照入的光(电磁波)完全被吸收,我们把这样的空洞称为黑体。这类似于白天看远处建筑物的窗户,只见漆黑一片,看不见窗户内部的任何东西。黑体对热的吸收能力和辐射能力都是最强的。

黑体对应不同波长的辐射能力(辐射亮度)只与温度有关,不同温度下黑体的辐射亮度如图 4-5-1 所示。

1. 普朗克公式(1900 年)

普朗克公式描述了在不同温度下,黑体发射的辐射能量按波长分布的规律。绝对温度为 T 的黑体,且在波长为 λ 下,单位波长、单位面积向着半球面方向发射的辐射通量(单位时间的辐射能量)是波长与温度的函数:

$$L_b(\lambda, T) = (c_1/\lambda^5)(e^{c_2/(\lambda T)} - 1)^{-1} \tag{4-5-1}$$

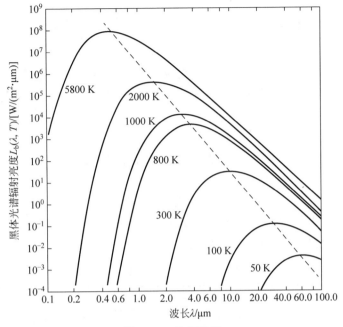

图 4-5-1　热辐射谱

其中，L_b 称为光谱辐射亮度，下标 b 表示黑体；λ 为波长；T 为绝对温度；c_1 和 c_2 分别为普朗克辐射第一常数和第二常数。

2. 维恩公式（1896 年）

$$L(\lambda, T) = \frac{c_1}{\lambda^5} e^{-\frac{c_2}{\lambda T}} \qquad (4\text{-}5\text{-}2)$$

在普朗克公式中，当 $\lambda T < 0.3\ \mathrm{cm \cdot K}$ 时，可用维恩公式代之。

3. 瑞利-琼斯公式（1900 年，1905 年）

当 $\lambda T > 2\ \mathrm{cm \cdot K}$ 时，有

$$L(\lambda, T) = \frac{c_1}{c_2} \frac{T}{\lambda^4} \qquad (4\text{-}5\text{-}3)$$

4. 维恩位移定律（1893 年）

$$\lambda_m T = b, \quad b = 2897.8\ \mu m \cdot K \qquad (4\text{-}5\text{-}4)$$

即在任意给定温度下，黑体光谱辐射亮度的最大值所对应的波长 λ_m 与温度 T 的乘积为常数。

5. 斯蒂芬-玻耳兹曼定律(1879 年)

$$M = \sigma T^4 \tag{4-5-5}$$

其中,σ 为斯蒂芬-玻耳兹曼常数,$\sigma = 5.69 \times 10^{-8} \, \text{W/(m}^2 \cdot \text{K}^4)$。

它描述单位面积黑体在全波长范围内总的辐射能量与温度之间是 4 次方关系。

6. 克希霍夫定律(1859—1862 年)

现实中的物体是非黑体,其表面有一定的反射,因而

$$L(\lambda, T) = \varepsilon_\lambda(\lambda, T) L_b(\lambda, T) \tag{4-5-6}$$

其中,ε 是辐射率,对黑体 $\varepsilon = 1$,如果辐射率小于 1 而且不随温度变化,称为灰体;而一般物体 $\varepsilon < 1$,且与温度和波长有关。所以说,黑体的辐射能力最强(它的吸收能力也最强)。表 4-5-1 是几种材料的典型辐射率。

表 4-5-1　几种材料的辐射率

材　　料	温度/℃	辐射率 ε
铂丝	25~1225	0.04~0.19
红砖	21	0.93
水	0~100	0.95~0.96
黑体	—	1.00

以上是我们从文献中得到的辐射率数据,仅供参考。辐射率似乎难以精确测量,而且会随着时间和环境变化,这是影响测温准确度的重要因素。

4.5.3　光学高温计

光学高温计是发展最早、应用最广的测温仪表之一,其测温范围在 800~3200℃,最新研究下限可在 400℃。国际实用温标 IPTS-68 中光学高温计是 1064.43℃(金熔点)以上温度的标准仪表。

1. 光学高温计的原理

光学高温计使被测对象投射到仪表检出元件上的光谱辐射能量限制在某一指定波长下,而能量的大小与被测对象温度之间的关系由维恩公式或普朗克公式描述。

这时仪表所测得的温度称为亮度温度,其定义是温度为 T 的非黑体在波长为 λ 时的辐射亮度 $L(\lambda, T)$ 和温度为 S 的黑体对应同一波长辐射亮度相等时,黑体的温度 S 叫作该非黑体的亮度温度。根据维恩公式,这时(设非黑体的辐

射率为 $\varepsilon(\lambda)$):

$$c_1 \lambda^{-5} e^{-\frac{c_2}{\lambda S}} = \varepsilon c_1 \lambda^{-5} e^{-\frac{c_2}{\lambda T}} \tag{4-5-7}$$

$$\varepsilon = e^{\frac{c_2}{\lambda}\left(\frac{1}{T}-\frac{1}{S}\right)} \tag{4-5-8}$$

$$\frac{1}{T} = \frac{1}{S} + \frac{\lambda}{c_2} \ln \varepsilon \tag{4-5-9}$$

因为光学高温计实际上测得的是物体的亮度温度,而且对非黑体有 $\varepsilon < 1$,因此由式(4-5-9)知 $S < T$,说明真实温度 T 要高于亮度温度 S。

2. 光学高温计的构造

光学高温计按结构可分为隐丝式和恒亮式两大类,其中最完善的是隐丝式,它是 1903 年由德国学者发明的。如图 4-5-2 所示,从热源发出的辐射被物镜 O 聚焦在灯丝 F 的平面上,目镜 E 也聚焦在相同平面上,移动红色滤光片只让红光通过并达到目镜。通过灯丝的电流由变阻器调节其大小。当通过灯丝的电流过小时,灯丝的辐射强度低于热源的辐射强度,这时在明亮的背景上出现暗的灯丝影像(见图 4-5-2(b));当电流太大时,灯丝比背景要亮(见图 4-5-2(d));当电流合适时,灯丝在背景中消失(见图 4-5-2(c))。使用红色滤光片是为了获得较好的单色性,可使亮度比较在选定的 $0.65\ \mu m$ 下进行,该波长叫作光学高温计的有效波长。使用灰色滤光片的目的是减弱测温体像的亮度,既可延长灯泡寿命,也可减小测量者眼睛的疲劳。通过灯丝的电流 I 和被测温度 t 的关系可用式(4-5-10)确定:

$$I = a + bt + ct^2 \tag{4-5-10}$$

其中, a, b, c 为常数。

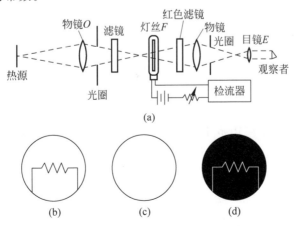

图 4-5-2 光学高温计的结构和原理示意图

4.5.4 比色温度计

比色温度计使用被测对象的两个不同波长的光谱辐射能量交替地投影到仪表的一个元件上,或同时投射在两个检出元件上。根据它们的比值与被测对象温度之间的关系实现测量。该比值与温度的关系由两个不同波长下维恩公式之比表示。这时,仪表所指示的温度称为比色温度。

比色温度的定义是:真实温度为 T 的非黑体,对应波长 λ_1、λ_2 的光谱辐射能量之比与温度为 F 的黑体对应同样两波长的光谱辐射能量之比相等时,黑体的温度 F 就是非黑体的比色温度。

由维恩公式推导得到 T 与 F 的关系为

$$\frac{1}{F} = \frac{\ln\varepsilon_1 - \ln\varepsilon_2}{c_2\left(\dfrac{1}{\lambda_2} - \dfrac{1}{\lambda_1}\right)} + \frac{1}{T} \tag{4-5-11}$$

在一般的温度辐射体中,比色温度比亮度温度会更接近真实温度,因为同一物体的 ε_1 和 ε_2 接近。

4.5.5 全辐射温度计

全辐射温度计是利用物体辐射热效应进行表面温度测量的仪表,前面所讲的光学高温计和比色温度计在理论上采用单一波长或两个接近的波长。而全辐射温度计采用的是全波长范围的辐射能量。

利用全辐射法测温时,仪表所指示的温度为辐射温度,其定义为:真实温度为 T 的非黑体,对应全波长范围的辐射能量与温度为 R 的黑体的全波长范围的辐射能量相等时,R 称为该非黑体的辐射温度。

这时,由斯蒂芬-玻耳兹曼定律推得

$$R = T\sqrt[4]{\varepsilon} \tag{4-5-12}$$

$\therefore \varepsilon < 1$;

$\therefore F < T$。

全辐射温度计的应用范围在 $700 \sim 2000℃$,甚至可以达到 $3000℃$,下限也可低至 $100℃$。该温度计的工作原理见图 4-5-3,图中辐射经聚光和光圈调节后落在靶上,靶是由多个热电偶串联而成的热电堆。

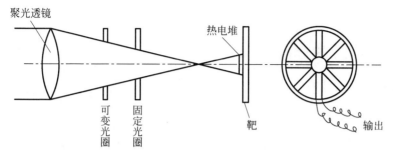

图 4-5-3 一种全辐射温度计原理示意图

4.5.6 红外线测温

红外线是光谱中红光外面的肉眼不可见光部分,波长在 $0.75\sim1000\ \mu m$,频率为 $3\times10^{11}\sim3\times10^{14}$ Hz。红外测温仪表的原理与前面所述的几种辐射式温度计类似,只是其中根据红外线的特点采用专门的红外探测器和光学系统。应用红外线测温是因为当物体温度较低时(如接近室温),物体热辐射的峰值发生在红外波长处,这一结果根据维恩位移定律可以得到。

红外温度传感器材料以半导体为主,工作波长一般在 $2\sim14\ \mu m$。如某产品:

量程 $-40\sim600\ ℃$(或 $900\ ℃$);

工作波长 $8\sim14\ \mu m$,精度 1%;

辐射率可调($0.01\sim1.00$)。

在使用红外探测器时必须注意中间介质中是否含有水汽、二氧化碳、烟雾、尘埃等,它们对红外辐射具有吸收和散射作用,结果会影响测量效果,这种作用的大小与红外辐射的波长有关,有的波段的辐射完全被吸收,好像一堵墙一样不能透过;而另一些波段则透明度很好,像"窗口"(见图 4-5-4)。因此,除采用特殊装置减少测量中产生的误差外,还应合理选择工作波段。

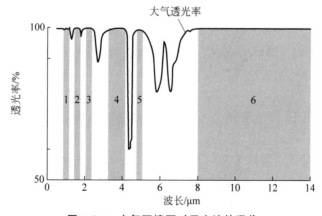

图 4-5-4 大气环境下对于光波的吸收

4.6　温度计的分度与标定

接触式温度计的分度与标定一般有两种方法。

1. 定点法

该法采用物质在某些特定的状态下具有恒定温度而标定温度计的特定值。例如,采用水的三相点装置、水的沸点器、金属凝固点炉等。

2. 比较法

比较法采用标准温度计和可调的恒温装置,如恒温槽、管式电炉等。

定点法标定的结果精度高,但装置和标定过程一般较复杂,标定点也较少,只用在精度要求较高的仪表上。比较法效率高,但精度取决定标准温度计的精度和操作方法。

4.7　一些温度固定点的实现

1. 水的三相点

纯净物质的固态、液态和气态三相共存并处于平衡时的状态称为三相点。

先将三相点的玻璃插管放入杜瓦瓶中,杜瓦瓶中装有冰水混合物,此时,水温接近 0℃。在插管中倒入干冰和酒精混合物,插管周围将形成 1~1.5 mm 厚的冰层。倒出干冰和酒精混合物,再向插管中注入温水,使冰与插管外壁形成薄水层。倒出温水,注入 0℃冷水,插入温度计,半小时后即可应用。

在三相点下,水蒸气压强为 610.0 Pa,温度为 273.16 K,此时压强和温度唯一确定。采用水三相点的优点是其准确度可达±0.0001℃,不受外界气压、冰、水、汽比例的影响。需要注意的是,为保证水的纯净应使用蒸馏水。

2. 水的冰点

1 个大气压下,纯冰溶解于水中达到饱和的冰水两者共存并达到平衡的状态称为冰点。

纯冰用蒸馏水或去离子水在冰箱中获得,并敲成碎块。容器和锤子使用不锈钢制品,将这些碎冰和纯水放入杜瓦瓶中,使其成为坚固而潮湿的状态。则冰点温度复现准确度为 0.01℃。

3. 水的沸点

纯净物质的液态和气态处于共存和平衡的温度称为沸点。物质沸点温度对压强敏感,而大气压的测量难以做到很精确,所以沸点温度难以精确控制。

4. 物质凝固点

一种物质的凝固点是该纯净物质固态和液态在一个大气压下平衡共存的温度。用凝固点作为参考点的好处是环境压强影响小,但是,很多物质(如金属)的凝固点对杂质比较敏感。如纯金属中有 1×10^{-4} 的杂质,可能引起凝固点下降 $0.01℃$。所以,对于金属而言:

(1) 必须有足够的纯度,大于 99.999%;

(2) 隔绝氧化;

(3) 金属块足够大,使温度计插入较深;

(4) 金属应在均匀温度区域内熔融和凝固。

一种实现金属凝固点的方法是:将玻璃管中金属试样放入以铜或铝管为内壁的电炉中。将温度加热到高于凝固点约 $10℃$,接着把温度计插到必要深度,然后降温并随时记录温度读数,当降温曲线达到水平部分时就是凝固点的温度。此种方法的复现性可高达 $0.0002℃$。

5. 液体槽

恒温槽一般在低温($-150\sim0℃$)和中温($0\sim600℃$)范围内使用。槽内分加热区和工作区。液体在加热区被加热,并且被充分搅拌均匀,经过一定路程流入工作区,整个液槽保温较好,使得工作区内液体温度均匀且范围大。在 $-80\sim0℃$ 采用丙酮中加入固态二氧化碳;$1\sim100℃$ 用水;$80\sim300℃$ 用油,如 $200℃$ 左右用硅油,要注意油的"闪点"以免着火。$200\sim600℃$ 采用 50% 硝酸钾和 50% 的硝酸钠,注意不能有任何湿气进入以免发生爆炸。

6. 管式电炉

温度达到 $600℃$ 以上一般采用管式电炉,管式电炉长度至少是直径的 20 倍以上,以保证中间部分温度均匀。$1100℃$ 以下可采用 80/20 的镍铬丝制成加热线圈,$1600℃$ 或者更高则采用铂或者 90/10 铂铑丝或带制成。

7. 标准温度灯

标准温度灯可以复现 $800\sim2500℃$ 的亮度温度标准值,用于标定光学高温计。

标准温度灯采用硬质玻璃外壳,内有钼金属灯丝支架,灯丝由带状钨制成,玻璃泡内可以是真空的或充有惰性气体。真空灯最高温度达 1600℃,充气灯可达 1300~2200℃。国产标准灯电压一般为 10~20 V,电流大约 20 A,需要高精度直流稳流电源。通过调节与灯泡串联的精密电阻得到不同的亮度温度,每改变 100℃,要稳定 5 min。标定时,光学高温计垂直对准钨带记号处。

8. 黑体炉

黑体炉按照用途不同,可分为低温、中温和高温三类。它们的结构不同,但基本组成是球形或圆柱形空腔。保证腔内温度达到一定值需要使用制冷器和加热器。

习题

1. 兰氏温度是美国工程界使用的一种温度单位,记作°R,其刻度间距与华氏温度相同,但 0 点数值与热力学温度相同。请推导出兰氏温度与摄氏温度和华氏温度的关系式。

2. 采用下图的惠斯顿平衡电桥法测量热电阻

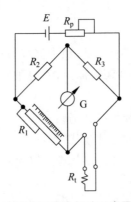

惠斯顿平衡电桥法示意图

固定电阻 R_2 和 R_3 为 25 Ω。当 $t_0 = 0℃$ 时热电阻 R_0 为 25 Ω。在温度变化不大时,热电阻与温度的关系可表示为

$$R = R_n[1 + \alpha(t - t_0)]$$

设电阻系数 $\alpha = 0.003\,925/℃$。现已知测温的可变电阻 R_1 滑到 37.36 Ω 时电桥平衡(此时 $R_t R_2 = R_1 R_3$),求:

（1）所测温度值；

（2）如希望测量的温度值的不确定度小于 $0.5\,℃$，问如选用 R_1，R_2，R_3 的电阻值不确定度各为 1%，是否能满足要求？（注：不计导线电阻，所有的不确定度都在相同置信概率下）。

3. 对某热敏电阻，$\beta = 3420\ \text{K}$，已知在 $100\,℃$ 时的电阻为 $(1010\pm3)\,\Omega$，问当测得电阻为 $(2315\pm4)\,\Omega$ 时的被测温度值和不确定度。

4. 今有电阻温度计和热电偶各一支，假设它们探头的外形一样，如何判别它们？

5. 已知铂在 $0\,℃\leqslant t \leqslant +650\,℃$ 时的电阻可用公式

$$R_t = R_0(1 + At + Bt^2)$$

表示，其中 R_0 是 $t=0\,℃$ 时的电阻值；$A = 3.968\times10^5/℃$；$B = -5.847\times10^7/℃^2$。

试求温度系数 α 的表达式，计算 $0\,℃$，$100\,℃$，$200\,℃$，$300\,℃$，$400\,℃$，$500\,℃$，$600\,℃$ 时 α 的值，并画出 α-t 关系曲线。

6. 已知在波长 $\lambda_m = 0.47\ \mu\text{m}$ 处，太阳的辐射亮度最大，如果把太阳看作黑体，试求太阳表面温度为多少（K）？

7. 已知铸铁溶液在波长为 $0.65\ \mu\text{m}$ 时的单色辐射率 $\varepsilon(\lambda)$ 为 0.4，试求当用光学高温计测得亮度温度为 $1000\,℃$ 时，真实温度为多少（℃）？

第5章

压力和真空测量

5.1 压力的概述

5.1.1 压力

这里所讲的压力实质上是压强,二者由于使用习惯而经常会被混用,压强是单位面积上垂直作用的力。从热力学角度讲,它是碰撞于边界上的分子单位时间动量的变化。在以下内容中,我们有时会按照标准,用压强一词,有时会尊重习惯用压力一词,阅读时应加以注意。

5.1.2 压强的单位

在国际单位制中,压强采用 Pa,即帕为单位。

$$1\,Pa = 1\,N/m^2$$

Pa 是一个很小的单位,几根粉笔均匀地撒在讲台上时,讲台所受的压强约为 1 Pa。这一举例不会太准确,只是让我们有一个量的概念。由于 Pa 很小,许多仪表都很难达到 1 Pa 的精度,例如,比较精确的水银气压表读数精度是 100 Pa。

由于历史原因,还存在许多其他的单位可用来表示压强。各种单位的换算如下:

$$1\,atm(标准大气压) = 1.013 \times 10^5\,Pa = 1.033\,kgf/cm^2$$
$$= 1.033 \times 10^4\,mmH_2O = 760\,mmHg(托,Torr)$$
$$= 1013\,mbar$$

其中,1 Torr=133.3224 Pa(1 mm 汞柱等于 133.3224 Pa)的关系会经常遇到。在英美地区还会用到 psi(pound per square inches):1 psi=0.068 atm。

5.1.3　有关压强的一些名词

绝对压强：流体在单位面积上的相互作用力,分子热动量为 0 时绝对压强为 0。绝对压强为 0 是几乎做不到的。

大气压：地表面的空气产生的总的压强,1 个标准的大气压(1 atm)是 $1.013\,25\times10^5$ Pa。

表压和真空：工程中常用表压来量度压强,表压等于绝对压强减去当地的大气压。

$$表压 = 绝对压强 - 大气压 \tag{5-1-1}$$

如果式(5-1-1)的结果是负号,则称为负压或真空。

差压：差压是两压强之差。

在测量流动中的流体压力时,我们还遇到总压、静压和动压等名词,这在流体力学相关书籍中会作介绍。

5.1.4　真空的概念

真空(vacuum)的拉丁语表示"空的",科学定义指低于大气压的空间,但真空一般指绝对压强比大气压低得多的情况。真空度应该指绝对压强接近 0 的程度,真空度高表示绝对压强低。

以下的真空分类应该是按照获得的手段和应用来定义的,并非严格划分。

低真空：$10^{-3}\sim760$ mmHg。

高真空：$10^{-8}\sim10^{-3}$ mmHg。

超高真空：$10^{-16}\sim10^{-8}$ mmHg。

表 5-1-1 是不同真空下空气分子的平均自由程。自由程是分子在两次相邻的碰撞之间走过的路程。表 5-1-1 中数据说明,在真空度高时,气体由于自由程很长,大量碰撞是气体分子与容器或管道之间产生的。气体分子间互相碰撞或者与固壁的碰撞,两者的机理很不相同。

表 5-1-1　25℃时空气在不同压强下分子的自由程

压强/mmHg	分子密度/(个/cm³)	平均自由程/cm
760	2.46×10^{19}	6.7×10^{-6}
1	3.25×10^{16}	5.1×10^{-3}
10^{-3}	3.25×10^{13}	5.1
10^{-9}	3.25×10^{7}	5.1×10^{6}

真空中气体的成分如下。

如果对原来是大气的真空腔进行抽真空,随着真空度的不断提高,会发生以下情况:

(1) 低真空范围,气体成分与大气相似;

(2) 真空度增高,水汽含量增加(70%~90%);

(3) 连续排气并加热,一氧化碳含量增加;

(4) 超高真空下,氢含量占主要地位。

可以看出,随着真空度的不同,真空腔里的气体成分也在变化,这会为真空测量带来独特的问题。

5.2 常见压力仪表的测量原理

5.2.1 U形管压力计

U形管是最简单实用的差压测量仪表。U形管压力计的构造如图 5-2-1 所示,它由 U 形玻璃管配上长度标尺构成,玻璃管内充以测压液。

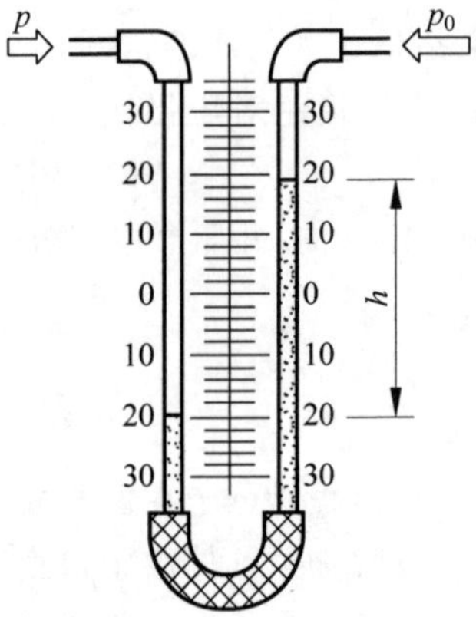

图 5-2-1 U形管

将待测压力接通到左边的玻璃管,右边通大气,则在差压作用下,U 形管两边液面有高度差 h,待测压力与液面高度差之间的关系为

$$p = p_0 + h\gamma \qquad (5\text{-}2\text{-}1)$$

其中,p 为待测压力;p_0 为大气压;γ 为测压液的重度,$\gamma = \rho g$,ρ 为测压液密度,g 为重力加速度。因为 p_0 为大气压,所以 $h\gamma$ 亦称为表压。

玻璃管内径不均匀,眼睛读数时判断液面不准确,测压液选择不合适等,都会使测量结果产生误差。

5.2.2 单管压力计和微压计

U形管的变型有单管压力计和微压计等。

单管压力计是在一端采用大容器,原理如图 5-2-2 所示。

在被测压力作用下,玻璃管内液面下降 h_1,大容器液面上升 Δh。

两边的液面差为:$h = h_1 + \Delta h$

但 $\Delta h F = h_1 f$。

其中，F 是大容器的截面积；f 是玻璃管的截面积。

所以

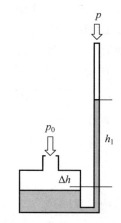

$$h = h_1(1 + f/F) \qquad (5\text{-}2\text{-}2)$$

由于 $F \gg f$，所以可把 h_1 近似当成 h，这样，每次测量时只需读一个液面，而不是像 U 形管那样读两个液面，这样可减少读数误差。

微压计用来测量小压差，如图 5-2-3 所示。玻璃管与水平成 α 角，大容器上通大气压，所测差压为

$$\Delta p = l(\sin\alpha + f/F)\gamma \approx l\gamma\sin\alpha \quad (5\text{-}2\text{-}3)$$

图 5-2-2　单管压力计原理图

倾角 α 越小，则在相同 Δp 下 l 越大，相当于将液面高度进行放大。但如果液面伸得过长，也影响读数的正确性，一般 $\alpha \geqslant 15°$。

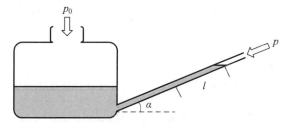

图 5-2-3　微压计测量原理

有一种微压计值得介绍，就是麦克里德（McLeod）微压表（见图 5-2-4）。

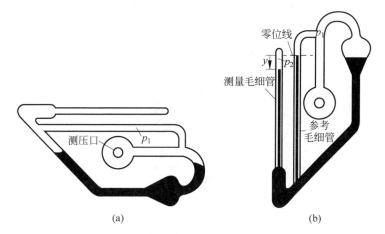

图 5-2-4　麦克里德微压表

（a）测量位置；（b）显示位置

该仪表于 1874 年由麦克里德发明,测量的差压范围可以达到 1 mmHg 甚至 0.1 μmHg(据说至今还是直接测量压差的最低限)。用麦克里德微压计测量时需要旋转 90°,即从图 5-2-4(a)逆时针转向图 5-2-4(b)的位置。

5.2.3 弹性元件压力表

当弹性元件受压后,所产生的应力与应变成正比,该原理用于制成测压弹性元件。弹性元件一般有弹簧管、膜盒、膜片等,它们的特点是结构简单,测量范围广,在 10 000 mmH$_2$O～10 000 kgf/cm^2。优质的压力弹性元件的制造并不容易,需要高质量的材料和精密的加工方式。如图 5-2-5 所示是一些压力元件的结构示意图。

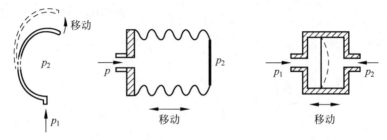

图 5-2-5　常见的压力弹性元件结构示意图

最常见的压力表如图 5-2-6 所示,该仪表也称波登表(Bourdon)。波登表由薄金属管组成,一端固定并开孔与被测压力相通;另一端密封,可以自由移动并与指针相连。由于仪表置于大气中,当被测压力通入弹性管内时,弹性管在被测压力与大气压力之差的作用下稍微伸长,使自由端右移,带动指针偏转。

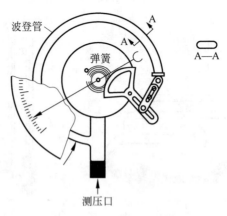

图 5-2-6　常见的压力表

这种压力表的精度等级分 0.2 级、0.35 级、0.5 级、1.0 级、1.5 级、2.5 级等。使用时的最佳测量范围是压力在满量程的 1/3～2/3。

5.2.4　其他形式的测压仪表

只要某种物理性质受压后会发生变化,即有可能由其制成测压感受件,尤其是在特殊场合下,需要使用特殊的压力元件。

1. 压阻式压力计

压阻式压力计是根据金属受压时电阻值发生变化制成的,特点是能测量超高压强,如 10 000 kgf/cm^2 以上。

2. 压磁式压力计

有的铁磁材料受压时会改变其磁导率,由此可以制成压磁式压力元件。它的特点是可测量频率高达 1000 Hz 的脉动压力。

3. 压电式压力计

压电式压力计利用晶体的压电效应(如压电陶瓷)制成。7.2 节将介绍压电效应。压电元件的特点是体积小、结构简单、反应快,一般只能测量脉动压力。

5.3　真空测量

目前还没有一种真空仪表可以应用于所有的真空范围。一般而言,机械式真空表适用于 1～760 mmHg,而低于 1 mmHg 需要利用气体的其他性质(如压缩,黏性,热导,电离等)制成不同的真空计。

真空测量的发展历史也很悠久,典型真空仪表的发明人和发明时间有:

(1) 汞柱　　　　　　Torricelli, Pascal (1600 年)

　　　　　　　　　　McLeod (1874 年)

(2) 机械法　　　　　Bourdon (1849 年)

(3) 热导式　　　　　Pirani (1906 年)

(4) 电离式　　　　　Von Bäyer(1906 年)

(5) 黏性转矩　　　　Knudsen, Langmuir (1910 年)

机械式的真空计原理和前面介绍的压力元件的压力表原理相似,这里不再赘述。下面介绍的是利用气体的其他物理性质对真空进行测量的真空计。

5.3.1 热导式真空计

高真空下,气体的运动不再是连续流体状态,而更像是离散的粒子。气体分子与物体碰撞发生的热传导与单位体积内气体分子的密度(绝对压强)有关。

热导式真空计的典型测量范围: $10^{-3}\sim1\,\mathrm{mmHg}$,其特点是测量总压强,它的结构简单,不易烧毁,但易老化。该真空计的仪表系数与气体种类有关。

图 5-3-1 是热导式真空计在不同气体压强下热传导的原理示意图。横坐标从左到右表现为绝对压强逐渐减小,在Ⅰ区内,由于气体密度较大,因此分子自由程很小,近乎于连续流体。这时,气体从灯丝带走的热量与宏观流动有关,而与气体分子密度无关。在Ⅱ区,随着气体密度减小,气体分子呈离散的分子流状况,此时,单位时间接触灯丝的分子数与气体密度成正比,因而灯丝的温度在输入能量不变的条件下随着气体分子带走热量而变化。气体越稀薄,单位时间碰撞灯丝的分子越少,灯丝温度就越高,反之灯丝温度较低。在Ⅲ区,由于气体过于稀薄,分子自由程很大,大量的碰撞发生在分子与真空计管壁,而不是灯丝处。这时,难以通过气体碰撞灯丝的频率来反映气体密度。对于热导式真空计,只有Ⅱ区用于真空测量。

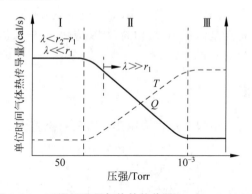

图 5-3-1 不同压强下气体的热传导(1 cal=4.186 J)

1. 电阻真空计(皮拉尼管 Pirani)

它是应用最广泛的真空计之一。采用金属或玻璃外壳,内装高电阻系数(铂或钨)灯丝,灯丝电阻随压强升高而下降,常用电桥方法测量电阻变化,如图 5-3-2 所示。

2. 热电偶真空计

把很细的热电偶焊接在灯丝上,利用热电偶直接测量电阻丝和引线柱之间的温度差,这样做的好处是对环境温度变化不敏感,如图 5-3-3 所示。

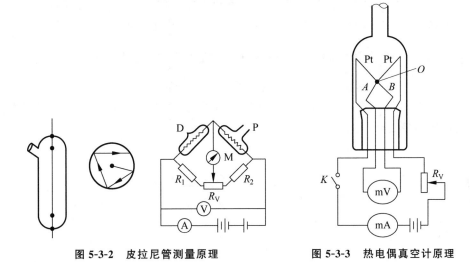

图 5-3-2   皮拉尼管测量原理   图 5-3-3   热电偶真空计原理

5.3.2   电离真空计

电离真空计的测量原理:残余气体受到运动电子碰撞,一部分被电离,在给定路程中碰撞次数正比于单位体积分子数(气体压强),通过测量离子电流获得气体分子密度。

普通电离真空计测量范围在 $10^{-8} \sim 10^{-3}$ mmHg。基本结构是由中心的钨丝阴极、绕在其周围的镍丝栅极、套在外层的镍薄阳极及外壳组成,如图 5-3-4 所示。

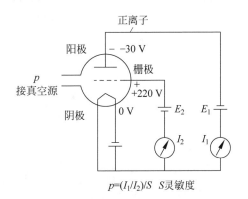

图 5-3-4   电离真空计原理

电离真空计在压强高于 10^{-3} mmHg 时容易烧坏,所以不能用于低真空度的测量。

图 5-3-4 中,电子由阴极发射,加速至栅极,穿过栅极走向靶(阳极)。由于栅极与靶之间形成反电场,因此电子又重新折回,这样形成了往复运动。在往复运动期间,电子碰撞气体并使气体电离,产生自由电子和正离子。正离子移向靶成电流 I_1,负离子和电子移向栅极成电流 I_2。被测气体压强 $p = \dfrac{1}{S} \dfrac{I_1}{I_2}$,其中 S 表示仪表的灵敏度。类似于热导式真空计,电离式真空计也只在一定的真空范围内工作。图 5-3-5 表示电离产生的离子电流只在一定真空范围内与被测气体压强呈线性关系。

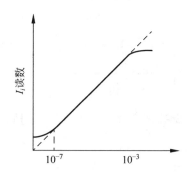

图 5-3-5　离子电流与真空的关系

5.3.3　分压强测量(质谱仪)

随着总压强的不断降低,分析真空系统中的残余气体种类显得越来越重要。

采用质谱法测量气体分压的工作原理是:首先电离气体,然后用电场对电离的气体进行加速,再用磁偏转、谐振或飞行时间的方法对不同质量的离子进行分离。对于四极杆真空计(见图 5-3-6),偏转磁场采用恒稳电压加交流电形式,通过调节交流部分电压的频率,使只有特定质量的离子才能通过分析杆,其他离子都落在电极上。四极杆真空计也称为残余气体分析仪,是一种在线质谱仪。适用于测量 $10^{-15} \sim 10^{-4}$ mmHg 的分压强。

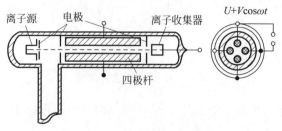

图 5-3-6　四极杆真空计原理图

5.4　压力信号的电变送

压力信号变送器实际上是输出为电信号的压力传感器,主要针对弹性压力元件的位移进行电量变换,同时也适用于弹性元件制作的真空测量。

1. 电位器式

由弹性元件、传动机构和电位器(可变电阻)组成。它是把弹性元件的输出位移变成电位器的滑点位移,从而使电位器的电阻值发生变化。利用不平衡电桥测量电阻变化值,最后输出为电压。电位器有精密绕线电阻、膜片式电阻等。

电位器式变送器的特点是结构简单、价格低、输出信号大。由于存在机械触点,不宜用于振动条件下,还有寿命短、噪声(触点电阻变化)等不足。这类变送器的测量精度一般在 $1.0\% \sim 1.5\%$。

2. 电容式

由弹性元件作为电容器可动极板,膜可动极板的位移引起它与固定极板之间距离的变化,从而电容量发生变化。

电容式压力变送器的特点是精度高、灵敏度高、耐振动和冲击、输出信号大,适用于微压测量。但工艺比较复杂,且具有非线性。为了减小非线性误差,会采用差动式方法。

这类变送器的测量精度可达 $0.05\% \sim 0.25\%$。

3. 电感式

它的工作原理是弹性元件的位移改变磁路中空气间隙的大小,或改变铁芯与线圈之间的相对位置,从而使电感量发生变化。特点是结构结实、信号大,但受温度影响的误差较大。

变送器精度一般在 $0.1\% \sim 1.5\%$。

4. 霍尔式

霍尔式压力变送器利用霍尔效应把弹性元件的位移转换成电势输出,其特点是结构简单、灵敏度高。精度一般在 $0.5\% \sim 1.5\%$,但外磁场和温度的影响较大。

5.5 压力表的校验和真空的获得

5.5.1 压力仪表的校验

一般的校验标准器有活塞式压力计,这是常用的压力静态标准装置。其基本原理是用直接作用在已知活塞面积上的砝码重力来平衡被测压力,从而求得被测压力值。特点是测量范围广、精度高(可达 0.01%),但不能用于动态标定。

如图 5-5-1 所示是活塞式压力校验器,其工作液体内的压力为

$$p = \frac{G + G_0}{F} = \frac{(m + m_0)g}{F} \tag{5-5-1}$$

其中,m 为砝码质量;m_0 为活塞质量;F 为活塞有效面积;g 为当地重力加速度。

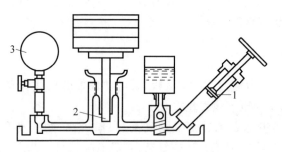

1—手摇加压泵;2—精密活塞;3—被校仪表。

图 5-5-1 液压式压力校准装置

单活塞式压力标定装置只能用于正压的标定,其规格一般有 $0.4 \sim 6 \text{ kgf/cm}^2$,$1 \sim 60 \text{ kgf/cm}^2$,$10 \sim 600 \text{ kgf/cm}^2$,$50 \sim 2500 \text{ kgf/cm}^2$,$200 \sim 25\,000 \text{ kgf/cm}^2$ 等。

5.5.2 真空获得

用于获得真空的设备统称为真空泵。真空范围包括 $10^{-14} \sim 760 \text{ Torr}$,这一范围包括了十几个数量级的绝对压强。与真空仪表一样,不可能利用一种设备得到如此宽泛的真空范围,为此,研究人员利用各种原理、各种结构生产出了多种真空泵。

真空泵按机理可分为两大类。

(1) 压缩型:如旋转式机械真空泵、蒸汽流喷射泵、分子泵。

(2) 吸附型:如离子泵、吸附泵、低温泵、吸气剂泵。

各种真空泵的运用范围如表 5-5-1 所示。

表 5-5-1　真空泵的种类和运用范围

泵	压 强/Torr															抽速/(L/s)
	10^2	10^1	1	10^{-1}	10^{-2}	10^{-3}	10^{-4}	10^{-5}	10^{-6}	10^{-7}	10^{-8}	10^{-9}	10^{-10}	10^{-11}	10^{-12}	
旋片机械泵（掺气时）	+	+	+	+	+	+										1~100
旋片机械泵（不掺气时）	+	+	+	+	+	+	+									1~100
吸附泵	+	+	+	+	+	+										
喷射泵				+	+	+	+									1~1000
扩散泵					+	+	+	+	+	+	+					5~100 000
涡轮分子泵							+	+	+	+	+	+	+			5~5000
钛升华泵							+	+	+	+	+	+				—100 000
离子泵									+	+	+	+	+	+		—5000
低温泵										+	+	+	+	+	+	300~5000

　　表 5-5-1 中，"＋"表示泵适用的真空区域，从表中可以看到，有些泵可以直接在大气压下工作，如机械真空泵和吸附泵；有些则不能在大气压下直接工作，这时，需要辅以一定的前级泵。

　　真空泵的基本参数有：抽气率、极限压强、最大工作压力、运行(压强)范围。对于超高真空，还需要知道泵的抽气选择性和残余气体成分。这些参数在选择真空泵时需要加以考虑。

　　通常，真空泵的抽气率是优先考虑的参数，这是因为真空系统的体积 V 和真空泵抽气率 S 之比构成了系统的时间常数。系统在真空泵启动后的压强可表示为

$$p = p_1 \exp(-t/\tau), \quad \tau = V/S \tag{5-5-2}$$

其中，p_1 是启动时系统压强；V 是真空系统(包括真空腔和连接管道)体积；S 是真空泵的抽气率；τ 代表真空系统响应的时间常数。对于真空系统，除了选择合适的真空泵外，清洗、烘烤和选用合适的材料是获得高真空的基本条件。

　　连接真空腔和真空泵之间的管道大小也需要合适地选择，其传导能力在分子流下可以用

$$C = 12.1 \frac{d^3}{l} \quad (\text{L/s}) \tag{5-5-3}$$

表示。式(5-5-2)和式(5-5-3)对于设计真空系统会有帮助。

习题

　　1. 举出一种可用于测压的物理现象，设计这一新的压力计的构造并分析其性能。

2. 某一 U 形管压力计,其测压液是水,左边测管内径是 8.2 mm,右边测管内径是 8 mm,调好零点后用来测量气体压差。接通被测压力后,右管从零点处下降了 200 mm,若认为被测压力差为 2×200 mm $= 400$ mm 水柱,是否正确?若不正确,求由此带来的误差。

3. 一单管压力计,以水作测压液,大容器内径为 20 mm,另一测管内径为 4 mm,标尺以 1 mm 间距分格。今希望使标尺上液柱高度读数直接代表以水柱为单位的压力,为达到这个目的,计算测管应与垂直位置倾斜多大角度?

4. 如下图中有一电容式压力传感器。电容平板有效面积为(8 ± 0.01) cm^2,平板之间介质是空气(设 $\varepsilon_0 = 8.85 \times 10^{-12}$ F/m),间距为(1.5 ± 0.1) mm。问:由此带来电容量 C 的测量不确定度是多少?

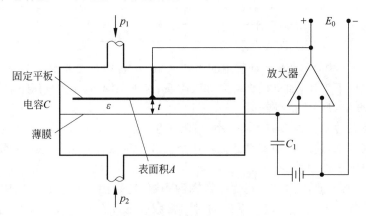

电容式压力传感器示意图

第6章

流量和流速测量

6.1 流量测量的基础

流体是指在剪切力作用下一直变形(流动)的物质。我们知道,固体在剪切力作用下会产生变形,剪切力给定后变形(应变)也就确定了。但流体的剪切应力却与应变随时间的变化率(速度在垂直于剪切力方向的梯度)有关。特别是,牛顿流体的剪切应力与速度梯度成正比。即

$$\tau = \mu \frac{\mathrm{d}V}{\mathrm{d}y} \tag{6-1-1}$$

其中,τ 为流体的剪切力;μ 为流体的黏度;V 是流速;y 表示距离。

6.1.1 流量(flow rate)

流量指单位时间流过指定横截面的流体的量,是瞬时流量。而累计流量是指某一段时间间隔内流过流体的总量。本章中的流量都是瞬时流量,有时为了更清晰地表明瞬态流量也称之为流率。其表达式如下:

$$质量流量:Q_{\mathrm{m}} = \frac{\Delta m}{\Delta t} = \int_A \rho V \mathrm{d}A \quad 单位:\mathrm{kg/s} \tag{6-1-2}$$

$$体积流量:Q_V = \int_A V \mathrm{d}A = \bar{V} A \quad 单位:\mathrm{m^3/s} \tag{6-1-3}$$

其中,ρ 表示流体密度;A 是过流横截面积。

6.1.2 流动的基本特性

1. 层流和湍流:雷诺(Reynolds)实验

雷诺实验证明,随着图 6-1-1 中管内流速增加,在一定流速下,管内流动状

态发生变化,由层流变成湍流。层流时流体微团流动似乎是"有秩序的""分层的",而湍流时流体微团行踪混乱无序。判断这一分界点(称为流动的转捩)的根据是雷诺数的大小。

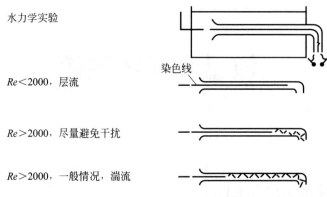

水力学实验

染色线

$Re<2000$,层流

$Re>2000$,尽量避免干扰

$Re>2000$,一般情况,湍流

图 6-1-1　雷诺实验原理图

雷诺数定义为

$$Re = \frac{\rho VD}{\mu} = \frac{4\rho Q_{\mathrm{V}}}{\mu D \pi} = \frac{惯性力(\text{inertia forces})}{黏性力(\text{viscous forces})} \qquad (6\text{-}1\text{-}4)$$

其中,D 表示管道直径。雷诺数反映流体流动时流体微元上惯性力和黏性力之比。一般把雷诺数在 2000 左右作为流动状态从层流转向湍流的分界点。实际上在这一分界点,雷诺数的大小因条件会有一定的变化。

2. 边界层

在大的流场中的物体对于流场的影响可以看作局部的,用边界层来描述(见图 6-1-2)。

边界层

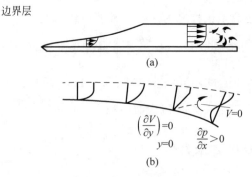

(a)

$$\left(\frac{\partial V}{\partial y}\right)_{y=0} = 0 \qquad \frac{\partial p}{\partial x} > 0 \qquad V=0$$

(b)

图 6-1-2　边界层图示

(a) 平板流的边界层;(b) 边界层的分离

边界层的概念主要由普朗特(Prandtl)提出,即在物体周围的一薄层内流体速度分布变化明显,因而此处剪切应力产生了较大的黏性阻力,而在物体边界,流体黏附在物体上。

3. 流体力学基本公式

对于流动,可以用以下公式描述。

连续性方程:

$$\rho VA = Q_m = 常数 \tag{6-1-5}$$

运动方程:

$$\frac{\partial \boldsymbol{V}}{\partial t} + \boldsymbol{V} \cdot \nabla \boldsymbol{V} = \boldsymbol{f} - \frac{1}{\rho} \nabla p + \frac{1}{\rho} \mu \nabla^2 \boldsymbol{V} \tag{6-1-6}$$

伯努利方程:

$$\frac{V^2}{2} + \frac{p}{\rho} + gZ = 常数 \tag{6-1-7}$$

其中,p 是流体压力;$\boldsymbol{f}$ 是作用在流体上的力;Z 是流体单元所处高度;∇ 和 ∇^2 分别是梯度算子和拉普拉斯算子。运动方程又称为纳维-斯托克斯方程,简称 N-S 方程,是流体力学最重要的方程。而在这里,我们只需应用连续性方程和伯努利方程。

4. 声速

在气体流动中还有一个重要参数,叫马赫数,其表达式为

$$M = V/a \tag{6-1-8}$$

$$a = \sqrt{(\partial p/\partial \rho)_s} = \sqrt{kRT} \tag{6-1-9}$$

其中,$k = c_p/c_V$,即定压热容和定容热容之比;R 为摩尔气体常数,值为 8.3245 J/(mol·K)。

大气中马赫数为 1 时速度为声速 a。在研究高速流动时需要用到声速的概念。

5. 充分发展流

管道的充分发展流动指管道流动在通过入口或节流件后,经过较长的横截面不变的直管后达到稳定的流动,表现为管道横截面上的流速分布沿着下游不再发生变化。

如图 6-1-3 所示,流动进入水平直管后,管壁上的流速降为零,在横截面沿着管径向中心存在速度梯度,即边界层。该边界层随着流动向下游不断长厚,最后在管道中心处充分汇合,形成不再沿下游变化的流速分布。这时称管流达到充分发展。

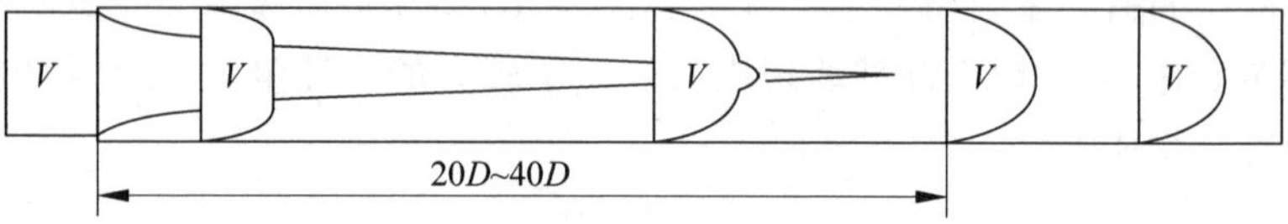

图 6-1-3　水平直圆管的充分发展流过程

充分发展圆管流动下,层流和湍流的圆管内流动的速度分布不同。

层流($Re<2000$)的流速分布可以求出解析解:

$$\begin{cases} V=V_0\left[1-\left(\dfrac{r}{R}\right)^2\right] \\ \bar{V}=0.5V_0 \end{cases} \tag{6-1-10}$$

其中,V_0是最大流速。

紊流($Re>2000$)情况下一般采用经验公式,如尼古拉兹(Nikuradse)经验公式:

$$V=V_0\left(1-\frac{r}{R}\right)^{1/n} \tag{6-1-11}$$

其中,n为实验所得系数,平均流速为

$$\bar{V}=\frac{2n^2V_0}{(1+2n)(1+n)} \tag{6-1-12}$$

不同雷诺数下 n 的数值如表 6-1-1 所示。

表 6-1-1　不同雷诺数下 n 的数值

Re	2.3×10^4	1.1×10^5	1.1×10^6	2×10^6	3.2×10^8
n	6.6	7.0	8.8	10.0	10.0
$V(0.75R)/\bar{V}$	1.0041	1.0045	1.0054	1.0055	1.0055

6. 弯管流动

典型的弯管下游将出现流速的不规则分布,个别地方存在反方面流动,以及明显的二次流(沿管道周向的环流),如图 6-1-4 所示。

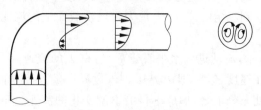

图 6-1-4　弯管内的流动

7. 流动损失

流体流过管道或各种节流件都会损失其能量,工程上一般认为,对管道而言,层流损失与平均流速成正比,湍流及节流件则与平均流速的二次方成正比。

8. 多相流

如果流动中的流体不是单一介质,而且这些介质不是充分混合的,则由于不同介质的流动特性不同会产生多相流。多相流动本身很复杂,有时候需要知道多相流各相的流量,如水-气两相流中水和空气分别的流量,这给测量带来了较大的困难。

6.2　流量测量仪表

6.2.1　容积式流量计

容积式流量计使流体充满具有一定容积的空间,然后将这部分流体送到出口流走。容积式流量计的特点是精度高达 0.1%,且可测小流量、高黏度的流体流量。这种流量计测量的是累积流量,而且惯性较大,常用于精密测定(如石油贸易)。

一种容积式流量计结构如图 6-2-1 所示。流体从进口流入,充满了体积为 V 的空间。转轴旋转一周从出口排出 $4V$ 体积。由于滑板部件与壳体之间存在间隙从而会引起泄漏,这是该种流量计的主要误差源。流体中如果存在杂质会影响流量计的正常工作。

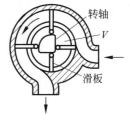

图 6-2-1　一种容积式流量
计结构示意图

6.2.2　速度式流量计

速度式流量计基于流体速度进行测量,所测量的可能是整个截面上的速度分布,也可能是平均速度或某一特定点上的速度,也可能是与速度有关的差压。这种方式的流量计有可能用于动态测量,其测量精度取决于速度分布。

1. 基于点流速的测量

(1)平均流速点的方法

平均流速点指由于流速在管道中沿径向连续分布,总可以找到一点,该点流速正好等于平均流速的大小,该点位置就是平均流速点。

从圆管的充分发展层流速度分布可得到,此时平均流速点在

$$r^* = \frac{\sqrt{2}}{2}R \tag{6-2-1}$$

紊流时的平均速度点在

$$r^* \approx \frac{3}{4}R \tag{6-2-2}$$

湍流的实际 r^* 与 Re 有关,是一个略微变化的量。

这样,我们只需测得(如用皮托管)平均流速位置上的流速,即可知道体积流量 Q_V。这种方法使用的仪表简便,但由于管道中的流动难以达到理想分布等原因,测量的精度较差。

(2)多点法

对紊流而言,国际上推荐采用"对数-线性"法(ISO 3354),就是根据公式(6-2-3)计算得到:

$$V(y) = A + B\lg\frac{y}{D} + C\frac{y}{D}, \quad y = D - r \tag{6-2-3}$$

其中,y 是测速仪探头与壁面距离;$V(y)$ 是 y 处的流速;D 是管道内直径;A、B 和 C 是系数。由公式(6-2-3)可以计算得到采用多点流速合成平均流速时的测量位置:

测点数	位置(y/D)
4	0.043, 0.290, 0.710, 0.957
6	0.032, 0.135, 0.321, 0.679, 0.865, 0.968

做多点流速测量时,可以沿直径方向移动速度探头,也可以用均速管同时测量以上数点的流速。

另外,也可以采用多项式的方法表示圆管内的流速分布:

$$V(r) = a_0 + a_1\left(\frac{r}{R}\right)^2 + a_2\left(\frac{r}{R}\right)^4 + \cdots + a_n\left(\frac{r}{R}\right)^{2n} \tag{6-2-4}$$

其中,$a_0, a_1, \cdots, a_n$ 为系数。因为轴对称,所以幂次为偶数。

还可将圆管划分成一定形状且面积相等的网格区域,测取每一区域的流速。

(3)皮托管

典型的点流速测量仪器有皮托管、热线风速器等,这里介绍皮托管的测量原理。

皮托管是根据伯努利方程而工作的。根据式(6-1-7)的伯努利方程,全压孔上的压强为 p_1,由于此处的流速滞止为零,则:

$$p_1 = p + \frac{1}{2}\rho V^2 \tag{6-2-5}$$

而静压孔开口与流速垂直,此处压强仍为静压:$p_2 = p$。

设 $\Delta p = p_1 - p_2$,则有

$$\Delta p = \frac{1}{2}\rho V^2 \tag{6-2-6}$$

$$V \approx \sqrt{\frac{2\Delta p}{\rho}} \tag{6-2-7}$$

皮托管的构造与压力分布如图 6-2-2 所示。皮托管有悠长的发展历史,目前有多种标准形式。如静压孔离端部距离有:$3d$(普朗特型),$6d$(NPL 型),$8d$(NPL 型)等,且一般沿周向开若干个孔。杆的形式有直角、圆角。端部有特殊的设计形状,如椭圆形等。

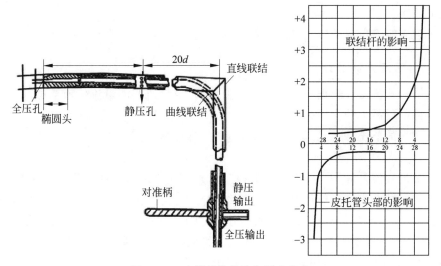

图 6-2-2 皮托管的构造与压力分布

用皮托管测管道流速,一般要求皮托管测杆直径远小于管道直径,$d/D < 20$。还应该根据插入深度进行一定的修正。

根据应用需要,皮托管也发展成均速管、多孔探针(用来测速度矢量)等。

2. 基于面(线)流速的测量

(1)涡轮流量计

涡轮流量计是一个零功率输出的涡轮机,模型需要依靠比较复杂的流体力学来建立。涡轮流量计结构如图 6-2-3 所示。

原理:平均流速冲击叶片,使其旋转。采用如电磁感应方法检测出旋转速度。

（2）电磁流量计

电磁流量计的工作原理是法拉第电磁感应定律。在流体管道上加上适当磁场，采用一对电极检测由于导电流体切割磁力线产生的感应电动势：

$$E = cBD\bar{V} = KQ_v \qquad (6\text{-}2\text{-}8)$$

电磁流量计的特点是对流动无阻碍，而且测量过程中受杂质等干扰小。

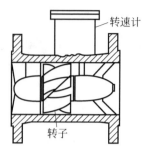

图 6-2-3　涡轮流量计结构

（3）超声波流量计（ultrasonic）

超声波流量计可根据多普勒效应测量平均流速。

设声速为 C，流体的速度为 V，用间距为 L 的时差法：

$$\Delta t = L/(C - V) - L/(C + V)$$

从而获得 V。

超声波流量计的特点是无接触，它能够装夹在管道之外测量流量。

3. 节流式流量计

节流式流量计根据变截面管段的伯努利方程，通过测量流体流动过程中在节流件前后产生的差压来测量流量。

常用的节流件有孔板、喷嘴、文丘里管、弯管等。

（1）特点

节流式流量计历史悠久，应用很广泛，是工业中最常用的流量测量装置，并且人们对其有丰富的使用经验。它的结构简单，精度在 $0.5\% \sim 1.0\%$。标准的节流式流量计，如标准孔板和标准喷嘴，到目前为止，是一种只需根据图纸和标准加工，不需要实际流动标定的仪表。而绝大多数的流量仪表都需要用实际流量进行标定，这是一项很耗费人力、物力的工作。

（2）原理

如图 6-2-4 所示，当流体从管道中流经节流件时，流场会因为节流件（此处是一开孔为圆形的孔板）的存在产生变化，如从截面 A_1 的充分发展湍流分布变为孔板开孔截面 A_2 的射流。

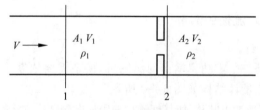

图 6-2-4　节流件前后的状态

根据连续性方程,对截面 1 和截面 2,有

$$\rho_1 V_1 A_1 = \rho_2 V_2 A_2 = Q_{\mathrm{m}} \tag{6-2-9}$$

如果流体是不可压缩的,密度 ρ 为常数,则

$$V_1 A_1 = V_2 A_2 = Q_{\mathrm{V}} \tag{6-2-10}$$

或

$$D_1^2 V_1 = D_2^2 V_2 \tag{6-2-11}$$

其中,D_1 和 D_2 分别是管道内直径和孔板开孔直径。

由伯努利方程:

$$\frac{V_1^2}{2\mathrm{g}} + \frac{p_1}{\rho \mathrm{g}} + Z_1 = \frac{V_2^2}{2\mathrm{g}} + \frac{p_2}{\rho \mathrm{g}} + Z_2 \tag{6-2-12}$$

假设是水平管道:$Z_1 = Z_2$,所以,有

$$\frac{V_1^2}{2} + \frac{p_1}{\rho} = \frac{V_2^2}{2} + \frac{p_2}{\rho} \tag{6-2-13}$$

由等式(6-2-13)和连续性方程得

$$\frac{p_2 - p_1}{\rho} = \frac{V_1^2}{2}\left(\frac{1}{m^2} - 1\right) \tag{6-2-14}$$

其中,

$$m^2 = \frac{D_2^2}{D_1^2} \tag{6-2-15}$$

式(6-2-15)可以表达为节流流量计的基本公式:

$$V_1 = \frac{m}{\sqrt{1 - m^2}} \sqrt{\frac{2\Delta p}{\rho}} \tag{6-2-16}$$

其中,V_1 是管道横截面上的平均流速;Δp 是孔板上、下游的压力差。

最终的差压式节流流量计方程为(根据国家标准)

$$Q_{\mathrm{m}} = \varepsilon \alpha A_2 \sqrt{2 \rho_1 \Delta p} \tag{6-2-17}$$

其中,ε 为气体膨胀修正系数;α 为流量系数,$\alpha = CE$,其中 C 为流出系数,由实验确定,E 为渐进速度系数,$E = \dfrac{1}{\sqrt{1 - \beta^4}}$,$\beta$ 为孔径比,$\beta = D_2/D_1$。

值得说明的是,以上由基本公式得到最终式子的过程在仪表理论中是典型的做法,就是根据基本物理原理得到被测量和输出量的基本规律,然后再对这一基本规律引入修正系数,进一步考虑其他因素的影响。如上面推导中我们没有考虑可压缩问题,只是在最后乘上一个气体膨胀修正系数。这样做既能保证清晰的基本物理关系,又不会因为需要考虑许多因素而使关系式很复杂甚至难以获得。作为仪表,由于需要数值上的精度,最后一般总是需要修正系数。

（3）节流装置的种类

① 标准孔板

简单讲，孔板就是就是一块板，上面开一与管道同心的圆孔。但实际上有许多严格的要求，具体依照国家相关标准。国家标准对孔板开孔、圆度、光洁度及迎流面处直角都有精确的要求，其他地方也有一定要求。

取压方式有角接法和法兰取压法等（见图 6-2-5）。角接法分别在孔板上游 $1D$ 和下游 $D/2$ 处开测压孔；法兰法则在孔板上、下游各 1 in 处开取压孔。

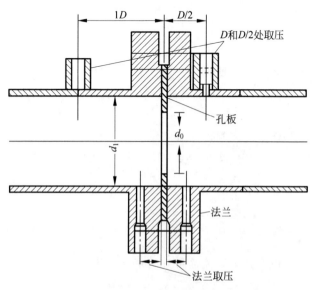

图 6-2-5　孔板取压方式

孔板的压力损失比较大，可以用公式（6-2-18）描述：

$$\delta p = \frac{1 - \alpha \beta^2}{1 + \alpha \beta^2} \Delta p \qquad (6\text{-}2\text{-}18)$$

如果是大口径管道，这一损失是很严重的。

② 标准喷嘴

标准喷嘴（ISO 5167）比孔板的收缩效应小。

喷嘴结构如图 6-2-6 所示。

③ 文丘里管（对孔板渐扩段修正）

文丘里管的结构示意如图 6-2-7 所示。

④ 不同形式的孔板流量计

根据特殊应用特点（如液体夹带气体或固体颗粒、黏度较大的流体等），会专门设计不同截面和开孔形状的孔板，如图 6-2-8 所示。

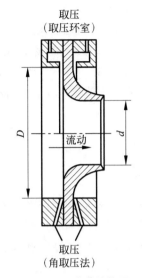

图 6-2-6 喷嘴结构图

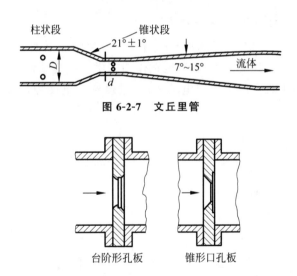

图 6-2-7 文丘里管

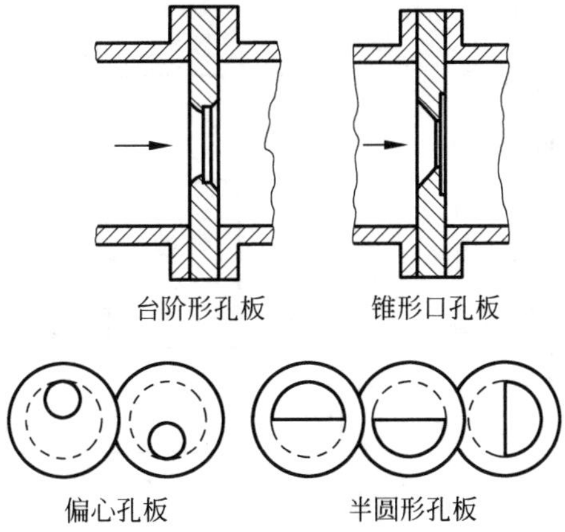

台阶形孔板　　　　锥形口孔板

偏心孔板　　　　半圆形孔板

图 6-2-8 不同的特型节流件

⑤ 其他

弯管、浮子流量计等都可以归入节流式流量计。

（4）节流式流量计应用中的有关问题

① 上下游直管段：上游 $10D\sim50D$，下游 $5D\sim10D$。

② 流量系数：依照 β 值和雷诺数 Re 查表，α 在 $0.6\sim0.8$。

③ β 值范围：一般选 $0.2\sim0.8$。

④ 气体膨胀修正系数：依照 β 值和 p_2/p_1 值查表，一般略大于 0.9。

详细数据应参照相关标准。

6.3 电磁流量计专题

事实上，几乎每一种成熟的仪表都基于许多研究者长期、大量的工作积累。仪表的研发过程中需要研究的问题很多，而且有些问题比较复杂和艰难。我们在本书中要用有限的篇幅介绍多种仪器，难免肤浅。通过以下的例子我们将看到，就数学模型而言，电磁流量计的研究相当复杂。

6.3.1 电磁流量计基本原理

我们从中学时就知道，导体切割磁力线会产生感应电动势，见图 6-3-1(a)。同样地，当导电的流体流过磁场时，也在作切割磁力线运动，根据法拉第电磁感应定律，在流体中就会产生感应电动势，并且该感应电动势与流体速度成一定关系，见图 6-3-1(b)。

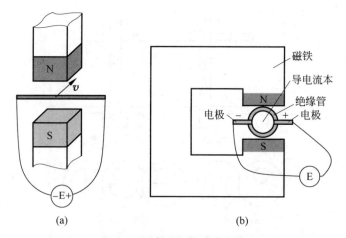

(a)　　　　　　　　　　(b)

图 6-3-1　电磁流量计原理图

因此，可以通过测量感应电动势的值来求出流体速度和流量，这就是电磁流量计测量流量的基本原理。

电磁流量计具有对流动无障碍、测量精度高等优点,在工业和民用领域广泛应用。但它只能用于测量导电流体。

典型的电磁流量计产品见图 6-3-2。

图 6-3-2　电磁流量计产品

6.3.2　电磁流量计理论的发展历史

1831 年,法拉第(Faraday)发现了电磁感应定律。1832 年,他就试图采用电磁感应的原理测量穿过英国伦敦的泰晤士河的河流流量。法拉第在他的著作《电的实验研究》中有这样一段叙述:

"因而我在滑铁卢桥作了实验。把九百六十英尺长的铜线张在桥的栏杆上,由这线的两端垂下另外两根导线,每根导线都捆着一块大金属板使导线浸在水中,保持完善接触。这样,导线与水形成一个传导电路。随潮水的涨落流动,我希望得到类似黄铜球上的那种电流。"

法拉第的实验由于当时的电测水平较低未能成功。到了 1930 年,人们才在管道流动中使用电磁感应方法成功测得水流量。之后,这种方法吸引了大量科研人员的目光。1962 年,剑桥大学的舍克利夫(Shercliff)发表了这方面的著作。1970 年,毕维尔(Bevir)发表了博士学位论文,使电磁流量计三维理论成为主要研究方向。近年来,理论方面的研究主要是采用电磁感应测量多相流和进行流场重建等。我国著名的理论物理学家王竹溪在 20 世纪 70 年代也曾经涉足这一领域,并作出了有特色的工作。

6.3.3　基本方程

由麦克斯韦方程及一定假设条件可推得电磁流量计的基本方程:

$$\nabla U = \boldsymbol{V} \times \boldsymbol{B}$$

(6-3-1)

其中,U 是感应电动势;$\boldsymbol{V}$ 矢量是流体速度;$\boldsymbol{B}$ 矢量是磁感应强度;∇ 表示梯度。

毕维尔(Bevir)于 1970 年推出的积分公式为

$$U_2 - U_1 = \int_A \boldsymbol{W} \cdot \boldsymbol{V} \mathrm{d}A \tag{6-3-2}$$

其中,$\boldsymbol{W}$ 为矢量权函数,且由式(6-3-3)表示:

$$\boldsymbol{W} = \boldsymbol{B} \times \boldsymbol{j} \tag{6-3-3}$$

其中,$\boldsymbol{j}$ 为虚电流密度矢量。

在被测流体内没有电和磁的源时,有

$$\boldsymbol{j} = -\nabla G \tag{6-3-4}$$

$$\boldsymbol{B} = -\nabla F \tag{6-3-5}$$

它们满足拉普拉斯方程:

$$\nabla^2 G = 0 \tag{6-3-6}$$

$$\nabla^2 F = 0 \tag{6-3-7}$$

如果想要求解虚电流的势 G 或者磁标势 F,还需要合适的边界条件,如在圆管下,假定内管壁是绝缘的,并有一对点电极,这是第二类边界条件问题:

$$\left. \frac{\partial G}{\partial r} \right|_{r=R} = (\delta(\theta) - \delta(\theta - \pi))\delta(z)/R \tag{6-3-8}$$

如果是一对大电极,由于电极本身是良导体,边界条件是混合的:

$$\begin{cases} G\big|_{r=R} = \pm G_0, & \text{电极} \\ \left. \dfrac{\partial G}{\partial r} \right|_{r=R} = 0, & \text{内管壁} \end{cases} \tag{6-3-9}$$

对于磁标势 F,可采用"理想磁铁"模型得到第一类边界条件问题:

$$F\big|_{r=R_1} = \begin{cases} \pm 1, & \text{线圈} \\ 0, & \text{其他} \end{cases} \tag{6-3-10}$$

6.3.4　点电极下虚电势的求解

对点电极,可以把电极尺寸看成很小的几何点,二维情况下得到方程(6-3-6)的极坐标表达式和边界条件:

$$\nabla^2 G = \frac{\partial}{r\partial r}\left(r\frac{\partial G}{\partial r}\right) + \frac{\partial^2 G}{r\partial \theta^2} = 0 \tag{6-3-11}$$

$$\left. \frac{\partial G}{\partial r} \right|_{r=R} = \begin{cases} \delta(\theta)/R \\ -\delta(\theta - \pi)/R \end{cases} \tag{6-3-12}$$

采用分离变量法可以求解出虚电流势 G 为

$$G = \frac{1}{\pi^2} \sum_{m=1,3,5,\cdots}^{\infty} \frac{1}{m} \left(\frac{r}{R}\right)^m \cos(m\theta) \tag{6-3-13}$$

这时,如果磁场是均匀的,则式(6-3-3)的权函数有较简单的表达式:

$$W = \frac{\partial G}{\partial x} = B_0 \left(\frac{\partial G}{\partial r}\cos\theta - \frac{\partial G}{r\partial\theta}\sin\theta\right)$$

$$= \frac{2B_0}{\pi R} \sum_{n=1,3,5,\cdots}^{\infty} \left(\frac{r}{R}\right)^{n-1} \cos((n-1)\theta) \tag{6-3-14}$$

式(6-3-14)是具有一对点电极的电磁流量计的二维权函数,其分布如图 6-3-3 所示。

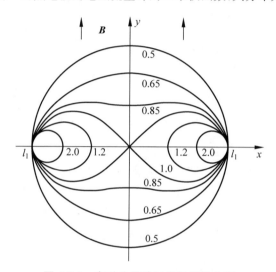

图 6-3-3　电磁流量计二维权函数分布

如果是在三维情况下求解,仅虚电流势 G 本身的表达式就很复杂。如果同时还要考虑非均匀磁场,则还需要求解磁标势 F。为了得到权函数,需要做 G 和 F 的梯度,然后做叉积,整个过程是非常复杂的。

有时,所采用的电极是大电极,所遇到的是混合边界条件问题,方程的解析解也是个难题。另外,存在气泡的多相流或者是许多电极下的流场重建问题,都具有很好的理论研究和实用价值。

6.4　流量计的标定

流量计标定需要建立流量标准装置,其中有水、空气、油和天然气等标准装置。对于不同大小的流量范围需要不同规模的标准装置。大流量标准装置的运行和维护都需要耗费大量的资金。

典型的水流量标准装置见图 6-4-1。水由加压泵驱动进入稳压器后,流经直管段并进入被标定的流量计,保持水流量不变。由换向器控制水流进入工作量器的时间,由记录的时间间隔和水在标准容器中的体积求得流量,也可采用称重的方法。水流量标准装置的不确定度可以达到 $0.1\%\sim0.3\%$。

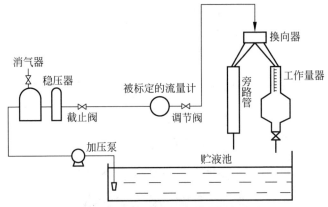

图 6-4-1　水流量标准装置示意图

　　传统的气体标定采用钟罩法。图 6-4-2 中,空气由气泵加压进入筒体上方钟罩内,推动钟罩上升。筒体装有作为密封用的油或水,以防止钟罩内的空气泄漏。为减小钟罩对其内部气体的压缩,采用配重锤减轻钟罩质量。标定时打开出气阀,使钟罩内气体稳定流过被标定的流量计。通过计时和读取钟罩降落刻度得到流量。钟罩式标准装置的不确定度可以达到 0.2% 的水平。

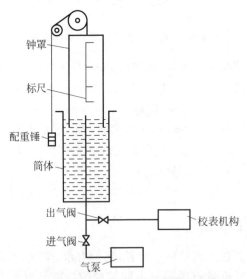

图 6-4-2　钟罩式空气流量标准装置示意图

　　高精度的流量计也可作为标准表,与被标定流量计串联连接进行标定。

习题

1. 已知经验的圆管中充分发展紊流下的流速分布见式(6-1-11)，

求：(1) 平均流速 V 的表达式；

(2) 不同 n 下平均流速位置；

(3) 平均流速位置的算术平均值及最大偏差；

(4) 平均流速位置最大偏差引起 V 的最大偏差的百分比。

2. 设置在管道中的探头将引起该处的速度增大，同时静压减小。已知由此引起的压力误差为

$$\frac{\delta p}{p} = \frac{-2}{1-M^2} \frac{1.15+0.75(M-0.2)}{2} \frac{2d}{\pi D}$$

其中，M 为马赫数；d 和 D 分别是探头的外径和管道的内径。如果把 5 mm 直径的探头安装在 100 mm 直径的管道中点处，流体为水（$M=0$）或马赫数为 0.5 的空气，试分别求静压误差相对于动压的百分比 $\dfrac{\delta p}{p}$。

3. 涡轮流量计根据流体流过转子的叶片时驱动转子旋转，并采用电磁感应的方法检测出转子的转速，从而获得通过管道的流量。试定性讨论管流中存在旋涡或流速分布不均匀引起的涡轮流量计输出误差，以及转子轴承阻力对涡轮流量计输出误差的影响。

4. 采用节流流量计测量气体，在需要考虑气体的可压缩性时，可以做以下假设：气体绝热流动，$p/\rho^k=$ 常数，从而伯努利方程变为 $\dfrac{v^2}{2}+\dfrac{k}{k-1}\dfrac{p}{\rho}=$ 常数，试由此推导出节流件出口处流速的表达式为

$$v_2 = \sqrt{\frac{\dfrac{2k}{k-1}\dfrac{p_1}{\rho_1}\left(1-\left(\dfrac{p_2}{p_1}\right)^{(k-1)/k}\right)}{1-\left(\dfrac{A_2}{A_1}\right)^2\left(\dfrac{p_2}{p_1}\right)^{2/k}}}$$

其中，下标 1，2 分别表示上游和下游；k 是比热容比，参见 6.2 节"节流式流量计"部分。

第7章

振动测量和分析

7.1 振动的基本概念

7.1.1 简谐振动

物体运动时,如果离开平衡位置的位移按余弦(或正弦)的规律随时间变化,则这种运动称为简谐振动,它是一种最基本、最简单的振动(见图 7-1-1)。描述简谐振动一般需要 3 个量:频率、振幅、相位。

$$x(t) = A\sin(\omega t + \varphi) \tag{7-1-1}$$

其中,A 为振幅;ω 为角频率,频率 $f = \omega/2\pi$,周期 $T = 1/f$;φ 为初相角。

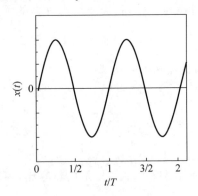

图 7-1-1　简谐振动位移曲线

7.1.2 质量、弹性恢复力和阻尼

最简单的振动系统是单自由度的弹簧-质点系统(见图 7-1-2),它的振动一

般也需要 3 个要素：惯性力、弹性恢复力和阻尼力。

$$m\ddot{x} + c\dot{x} + kx = 0 \qquad (7\text{-}1\text{-}2)$$

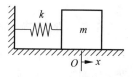

其中，m 是质量；c 是比例阻尼系数；k 是弹性系数。

该系统的振动固有角频率为

$$\omega_0 = \sqrt{\frac{k}{m}} \qquad (7\text{-}1\text{-}3)$$

图 7-1-2　弹簧-质点系统

这里，阻尼不一定被需要，但工程中阻尼总是存在的。

7.1.3　欠阻尼、临界阻尼和过阻尼

如图 7-1-3 所示为有阻尼的振动曲线。对于式（7-1-2）描写的系统，它的自由振动位移如下：

$$x = \mathrm{e}^{-\frac{t}{\lambda}}(A\cos qt + B\sin qt) \qquad (7\text{-}1\text{-}4)$$

$$\lambda = \frac{c}{2m} \qquad (7\text{-}1\text{-}5)$$

$$q = \sqrt{\frac{k}{m} - \frac{c^2}{4m^2}} \qquad (7\text{-}1\text{-}6)$$

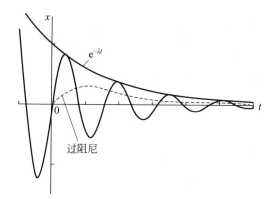

图 7-1-3　有阻尼的振动曲线

当 $\dfrac{k}{m} > \dfrac{c^2}{4m^2}$ 时，称为欠阻尼振动，欠阻尼其实是大多数振动的情况，"欠"字不应该理解成贬义。当 $\dfrac{k}{m} = \dfrac{c^2}{4m^2}$ 时，$q=0$，事实上系统的运动难以成为振动，所对应的阻尼称为临界阻尼。如果 c 进一步增大，就是过阻尼情况。

7.1.4 强迫振动和共振

强迫振动是由于存在外界激振力而使系统产生振动,强迫振动的幅频和相频曲线如图 7-1-4 所示。在式(7-1-2)的右边加上一周期激振力,就形成强迫振动方程:

$$m\frac{\mathrm{d}^2 x}{\mathrm{d}t^2} + c\frac{\mathrm{d}x}{\mathrm{d}t} + kx = F_0 \sin(\Omega t) \tag{7-1-7}$$

其中,F_0 是外力的幅值;Ω 是外力的角频率。强迫振动是由于外加作用力形成的振动,如果外加作用力的频率和幅值大小不变,那么,作用时间足够长以后系统达到某种稳定的运动,称为稳态。

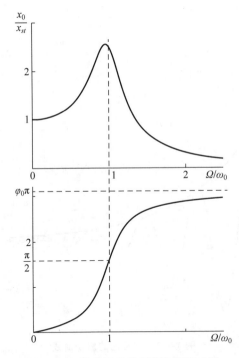

图 7-1-4 强迫振动的幅频和相频曲线

式(7-1-7)的稳态解为

$$x(t) = x_0 \sin(\Omega t + \varphi_0) \tag{7-1-8}$$

其中,

$$x_0 = \frac{F_0/k}{\sqrt{\left(1 - \left(\frac{\Omega}{\omega_0}\right)^2\right)^2 + \left(2\frac{c}{c_c}\frac{\Omega}{\omega_0}\right)^2}} \tag{7-1-9}$$

$$\varphi_0 = -\arctan \frac{2 \dfrac{c}{c_c} \dfrac{\Omega}{\omega_0}}{1 - \left(\dfrac{\Omega}{\omega_0}\right)^2} \qquad (7\text{-}1\text{-}10)$$

$$c_c = 2\sqrt{mk} \qquad (7\text{-}1\text{-}11)$$

当 Ω 接近 ω_0 时,系统的振幅最大,称为共振。

7.1.5　多自由度振动与模态

对于多自由度的振动(如多个质点、多个运动方向),描述所有自由度的运动将是繁杂的,采用模态方法相当于把一个具有 N 个自由度的运动分成 N 个单自由度的运动来研究,逐个研究之后再进行合成。分解后的单个自由度振动称为单个模态,对应的振动形态称为振型,对应的特征频率称为模态频率。如两端与弹簧连接的刚体细杆的平面振动分为平动模态和交叉振动模态(见图 7-1-5),这是两个频率不同的模态频率,对应两个不同特征的振型。

一定条件下,多自由度系统的任意振动响应,可视为系统各阶模态的线性组合或叠加,各阶模态叠加的比例或权数不一样(通常高阶比低阶小得多)。

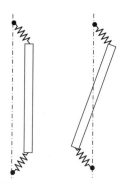

图 7-1-5　杆的振动模态

7.2　振动的主要测量仪器

下面分别介绍的振动测量方法有加速度式、速度式和位移式。

7.2.1　加速度式振动仪器

压电式加速度传感器的基本原理是,晶体受压变形产生电荷,该电荷与晶体受力成正比,如图 7-2-1 所示。利用这种压电效应制成的加速度传感器,具有质量小、响应灵敏、频率范围宽(0.2 Hz 至 10 kHz)等优点。适用于动态测量,一般配电荷放大器。

压电效应是某些晶体材料的特殊物理性能,实现了机械能(力、变形)到电能(电荷、电场)间的双向可逆变换。当沿着一定方向对晶体施加力使之变形时,其表面会产生电荷,外力撤销后,电介质又重新回到不带电状态,这种现象

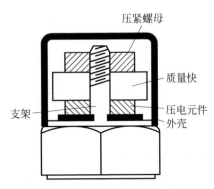

图 7-2-1　压电式加速度传感器

称为正压电效应。反之,施加激励电场,由于晶体的电极化造成的正负电荷中心位移,导致晶体产生机械变形,从而实现电能到机械能的转换,称为逆压电效应。表面电荷量 Q 与施加的正压力之间的关系可以简单地表达为

$$Q = dF \tag{7-2-1}$$

其中, d 称为压电常数。

常用的压电材料有石英石,压电陶瓷(钙钛矿型)等。

为了测得表面电荷,可以把压电元件看作电容器:

$$C_a = \varepsilon \frac{S}{\delta} \tag{7-2-2}$$

当受到外力时,压电元件两表面产生等量的正、负电荷 Q 与开路电压 U 之间的关系是

$$U = Q/C_a \tag{7-2-3}$$

电荷放大器是经典的配套二次仪表,但目前也有采用检测电压的压电式加速度传感器。

7.2.2　速度式振动仪器

电感式振动速度测量仪器的原理是法拉第电磁感应定律,其基本公式为

$$u = Blv \tag{7-2-4}$$

其中, u 为感应电动势; B 为磁场强度; l 为导体长度; v 为导体运动速度。

这种仪器的特点是信号强、不易受干扰、电路简单。测量范围一般在 $1\sim300$ mm/s,测量的频率范围为 $10\sim1000$ Hz(惯性式)。

一种电感式速度传感器的结构示意图和等效电路如图 7-2-2 所示。

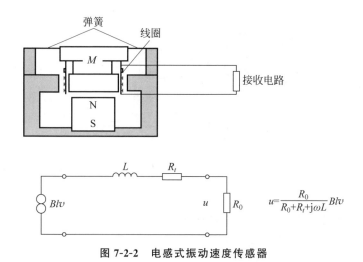

图 7-2-2 电感式振动速度传感器

7.2.3 电涡流位移传感器

电涡流位移传感器作为振动位移测量仪器的传感器,其工作原理是金属在外加交变磁场下阻抗与线圈距离有关。

电涡流位移传感器的结构简单可靠、输出功率大、输出阻抗小、分辨率高,测量的精度优于 1 μm,测量频率范围是 DC 至 10 kHz,特别是可以测量静态距离。同时,它与电感式速度传感器一样,可以实现与对象非接触测量,这在许多应用中具有重要意义。

图 7-2-3 是一种工业标准的 8 mm 电涡流位移探头,对钢材料的灵敏度约 8 mV/μm,测量范围为 0.25~2.25 mm。

图 7-2-3 电涡流位移传感器

电涡流位移传感器的结构示意图如图 7-2-4 所示。

其中,线圈采用盘式结构,制成线圈的导线一般采用专门的合金,其电阻受温度变化很小。有些线圈也采用多层印刷电路技术制成。

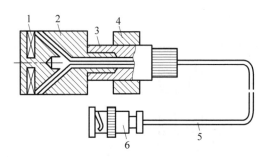

1—线圈；2—骨架；3—螺纹；4—螺母；5—电缆；6—插头。

图 7-2-4 电涡流位移传感器结构图

采用电涡流探头测量位移时的原理及等效电路见图 7-2-5。

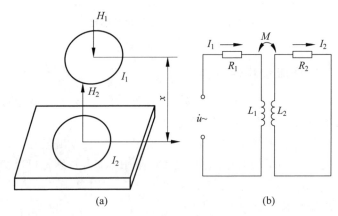

(a)   (b)

图 7-2-5 电涡流位移传感器等效电路

(a) 原理；(b) 等效电路

图 7-2-5(a)所示为一个线圈接近金属板，在线圈上施加高频的交变电流，从而产生一交变的电磁场，该电磁场会在金属表面产生交变电流，即电涡流。它们的等效电路如图 7-2-5(b)所示，其等效阻抗为

$$Z = R_1 + R_2 \frac{\omega^2 M^2}{R_2^2 + \omega^2 L_2^2} + \mathrm{j}\omega\left(L_1 - L_2 \frac{\omega^2 M^2}{R_2^2 + \omega^2 L_2^2}\right) \qquad (7\text{-}2\text{-}5)$$

其中，实部为电阻，带有虚数 j 的虚部是与涡流效应有关的电感。假设

$$R_2 \ll \omega L_2 \quad \left(\frac{\omega}{2\pi} = 1 \sim 2 \text{ MHz}\right)$$

此时式(7-2-5)括号中的量作为等效电感 L' 可表示为

$$L' = L_1 - K^2 \qquad (7\text{-}2\text{-}6)$$

K 是小于 1 的数，它与线圈和金属板之间的距离 d 有关，当 d 无穷大时，$K = 0$，其他情况下，$0 < K < 1$。

为了测量 L'，在线圈上并联一个可变电容，测量电路部分线路如图 7-2-6 所示。

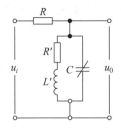

图 7-2-6　测量电路部分线路

最后得到测量电路为

$$u_0 \approx \frac{|Z|}{R} u_i$$

其中，R' 是线圈内阻；R、C 分别是外接电阻和可变电容。

电涡流位移传感器的频率和位移特性如图 7-2-7 所示。图 7-2-7(a)中的 3 条曲线分别代表在探测线圈与金属板的 3 种不同距离下阻抗随激励频率的变化。曲线的峰值代表线圈的激励频率与等效电路的共振频率相等，此时等效电路的阻抗最大，产生的测量分压最大。当线圈存在某一固定激励频率 f_0 时，在不同探测距离处测量分压分别为 U_1，U_2，U_∞。根据这些固定激励频率下获得的测量分压可画出图 7-2-7(b)的位移与输出电压幅值的关系曲线。

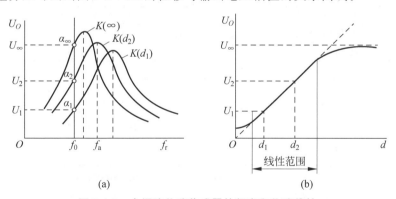

图 7-2-7　电涡流位移传感器的频率和位移特性

交变电磁场在金属内部产生的电涡流具有独特的分布特性。图 7-2-8(a)为被测金属表面上的电涡流密度随着距探测线圈中心的径向距离 r 变化而变化的情况。电涡流范围随线圈外径大小而变，并与线圈外径有固定的比例关系，线圈外径确定后，涡流范围也就随之确定。在线圈外径 r_2 处，涡流密度最大；在小于 $0.4r_2$ 部分，基本上没有电涡流；在 $r = 1.8r_2$ 处，电涡流密度将衰减到最大值的 5%。而图 7-2-8(b)所示为电涡流密度随着金属表面深度 z 的变化情况。由于趋肤效应,电涡流只在金属表面薄层(约 0.1 mm)内存在,而且涡流密度沿深度方向分布按指数规律衰减。如果被测导体的电导率较小或线圈频率较低,则可以增大趋肤深度。

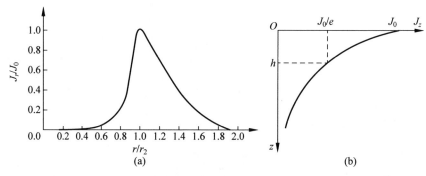

图 7-2-8 涡流分布特性

对不同的被测导体,电涡流传感器的灵敏度不同(见表 7-2-1)。

表 7-2-1 某电涡流位移传感器测量不同材料时的灵敏度

材　　　料	灵敏度/(mV/μm)
铜	14.96
铝合金	14.57
黄铜	12.99
碳化钨(硬质合金)	11.42
不锈钢	9.84
钢(4140 或 4340)	7.87

一般来说,灵敏度越高,量程相应减小;灵敏度低,则量程较大。

电涡流传感器的静态标定可以采用精密的千分表(见图 7-2-9)。动态标定可采用偏置转轮。

图 7-2-9 标定装置图

7.2.4 光电相位测量仪表

除了以上介绍的 3 种常用振动测量仪器外,本节再介绍一种作为旋转机械振动相位测量用的光电相位测量仪表,它由光电二极管组成。

为了测量旋转件的相位,可以在部件上沿着圆周开孔,如图 7-2-10(a)所示,或者在部件侧面涂上颜色标记,如图 7-2-10(b)所示。当部件旋转时,发射二极管产生的入射光在穿过开孔或投射到标记时,接收二极管得到的光线发生突变,形成上升沿触发或下降沿触发,从而记录旋转件的相位置。

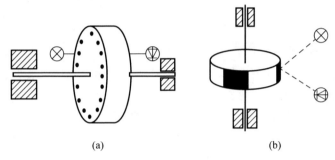

(a) (b)

图 7-2-10 光电式旋转机械振动相位测量

(a)透光式;(b)反光式

7.3 主要振动量的测量

本节采用旋转机械的振动测量作为例子。对于旋转结构,加工和装配等原因,会造成其旋转中心和质心不能完全重合,因而旋转时质心会施加给系统一个与转速相关的离心力,使结构发生振动。为了充分了解振动的影响,需要详细测量有关的特性量,下面加以论述。

7.3.1 相位差的测量

相位差指基频振动相对于转轴上某一确定标记的相位落后。基频振动是旋转机械振动信号中与转速同频的振动分量。

在图 7-3-1 中,由相位探头测得的信号接近一个方波,可以把方波的上升沿或下降沿作为相位为零的位置。位移探头测得的振动位移信号的基频部分与零相位的相位差值就是相位差。

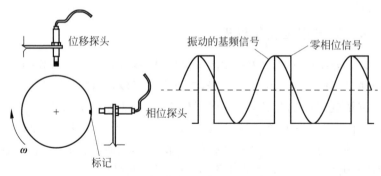

图 7-3-1　振动信号和相位信号的提取

7.3.2　基频振动的测量

一般的振动是多种频率振动的合成,基频振动信号在研究旋转机械特性时(如不平衡响应)具有重要意义。

采用跟踪滤波器,它可以自动调整滤波器的中心频率,使其与转速一致,从而滤除其他频率成分的信号,得到基频振动信号。

7.3.3　波德图和极坐标图

波德(Bode)图是描述基频振动幅值和相位随转速变化的曲线。其横坐标为旋转机械的转动频率,纵坐标为基频振动的幅值和相位差。波德图反映物体在不同频率激励下的运动响应大小及响应速度。

波德图常用于研究旋转机械的临界转速(共振)和阻尼比,如图 7-3-2(a)所示。

把波德图的振幅和相位差随转动频率变化描绘在极坐标上,就产生基频振动的极坐标图(见图 7-3-2(b)),也称奈奎斯特(Nyquist)图。极坐标图对旋转机

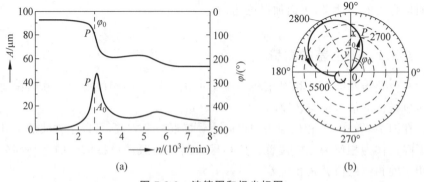

(a)　　　　　　　　　　　(b)

图 7-3-2　波德图和极坐标图

械处于临界转速(系统发生共振时的转速)附近的特性有放大作用,常用于旋转
机械的平衡测量、小幅值临界频率测量等。

7.3.4 轴心轨迹

轴心轨迹采用正交放置的两个位移探头和示波器完成。通过轴心轨迹可
以直观判断旋转机械振动特性和进动方向等,如图 7-3-3 所示。

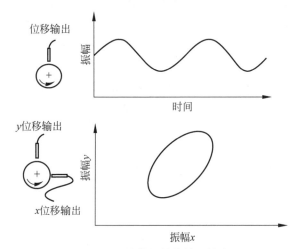

图 7-3-3 旋转机械的轴心轨迹

7.3.5 频谱图

频谱图是对时间系列的振动信号进行快速傅里叶变换(fast Fourier
transform,FFT)后的结果,它的横坐标是振动信号的傅里叶展开频率,纵坐标
是功率谱密度。如图 7-3-4(a)所示是示波器中显示的振动信号随时间的变化
情况,而图 7-3-4(b)是该振动的频谱图。

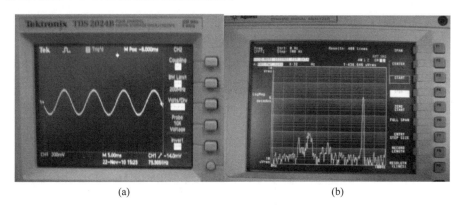

(a)   (b)

图 7-3-4 振动信号(a)和它的频谱图(b)

习题

1. 假定认为压电陶瓷的动力学模型是二阶仪表，质量 $m=0.2$ g，弹性系数为 20 000 N/m，阻尼系数为 0.001。试求出它的工作频率范围。

2. 假定电涡流传感器的趋肤深度公式为 $\delta=1.414/\sqrt{\omega\mu\sigma}$（其中 ω 为电磁场的角频率，μ 为材料磁导率，σ 为材料的电导率），试分别计算铝材（假定 $\sigma=3\times10^7$ S/m）、碳纤维板（假定 $\sigma=1\times10^2$ S/m）在 1 MHz 电磁场下的趋肤深度约为多少（假定磁导率等于真空时的数值）？

3. 已知质点强迫振动的幅频响应公式（见式(7-1-9)）为

$$x_0 = \frac{F_0/k}{\sqrt{\left(1-\left(\dfrac{\Omega}{\omega_0}\right)^2\right)^2 + \left(2\dfrac{c}{c_c}\dfrac{\Omega}{\omega_0}\right)^2}}$$

设 $M=x_0k/F_0$，$\xi=c/c_c$，$\beta=\Omega/\omega_0$，得到

$$M = 1/\sqrt{(1-\beta^2)^2+(2\xi\beta)^2}$$

试在 ξ 为小量时推导出半功率法测量阻尼的公式：

$$\xi \approx (\beta_2-\beta_1)/(\beta_2+\beta_1)$$

其中，β_2 和 β_1 分别是 $M=M_{\max}/\sqrt{2}$ 时对应的 β 值。

第8章

实 验 案 例

　　无论是被测量还是使用的仪表,测量所涉及的内容都很广泛。前面的章节着重对温度、压力、流量和振动相关的测量方法及仪表进行了介绍,希望读者对此能够举一反三。作为进一步的扩充,本章将介绍若干测量的案例。这些案例的来源不一,有的是作为教学实验的基本训练,有的是科研项目的一部分。案例中所涉及的被测量有的与本书前面所介绍的内容有关,有的则相关性少一些。另外,由于各实验案例的目的和完成时间不尽相同,所以每一个案例的描述形式会有所差别,阅读时请加以注意。这些实际的案例可能并不完美,但相信对读者会有良好的参考作用。

8.1　热电阻温度计时间常数的测定

1. 实验目的

　　(1) 通过实验增加对温度测量方面理论知识的理解;

　　(2) 掌握铂电阻温度计的使用方法;

　　(3) 掌握铂电阻温度计时间常数的测量方法。

2. 实验设备

　　管式电阻炉,铂电阻温度计,计时秒表,如图 8-1-1 所示。

3. 实验内容

　　(1) 掌握管式电阻炉的操作步骤,并将电阻炉的温度加热到 300℃;

　　(2) 掌握铂电阻温度计的使用方法,对铂电阻温度计的温度-时间曲线进行测量。

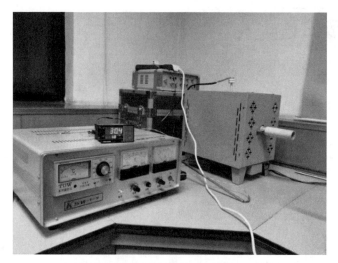

图 8-1-1　管式电阻炉和热电阻温度计

4．实验原理

（1）管式电阻炉的工作原理：管式电阻炉加热部分的长度一般在其直径的20 倍以上，以保证中间部分温度均匀。1100℃以下可采用 80/20 的镍铬丝制成加热线圈，1600℃或者更高则采用铂、90/10 铂铑丝或带制成。电阻炉内的温度传感器和自动调节装置可以保证在时间上加热均匀。

（2）热电阻温度计的工作原理参考 4.3 节。

5．实验步骤

（1）将管式电阻炉的温度设定为给定数值，如 300℃（为了安全考虑，如无特殊要求，加热温度不宜过高），并开始加温；

（2）记录铂电阻温度计在室温下的读数，在电阻炉的温度达到 300℃并平衡后，准备测量铂电阻温度计的温度-时间曲线。将铂电阻温度计测量棒放入电阻炉炉腔，注意插入深度，每间隔 5～15 s（根据读数变化快慢）记录读数，直到读数稳定。将铂温度计从电阻炉中拿出，同时计时和记录温度计读数。并分别绘制升温、降温曲线，从曲线上确定该热电阻温度计升温和降温时的时间常数。

6．实验数据与分析

升温阶段铂电阻指示温度随时间的变化情况记录如表 8-1-1 所示。

表 8-1-1　升温阶段铂电阻指示温度随时间的变化情况

时间/s	0	10	20	30	40	50	60	70
温度/℃	32.3	56.9	77.0	97.7	114.6	128.4	142.1	153.6
时间/s	80	90	100	110	120	130	140	150
温度/℃	163.4	173.8	181.9	191.7	199.3	208.1	215.4	222.9
时间/s	160	170	180	190	200	210	220	230
温度/℃	228.5	233.4	238.8	242.8	246.7	249.9	252.8	256.2
时间/s	240	250	260	270	280	290	300	310
温度/℃	257.6	259.5	261.6	264.0	266.9	269.7	272.8	276.1
时间/s	320	330	340	350	360	370	380	390
温度/℃	278.5	281.2	283.3	285.4	287.2	288.5	289.6	290.4
时间/s	400	410	430	450	470	490	510	530
温度/℃	290.9	291.1	291.2	291.9	294.0	297.0	300.0	302.6
时间/s	550	570						
温度/℃	304.0	304.5						

铂电阻升温曲线如图 8-1-2 所示。

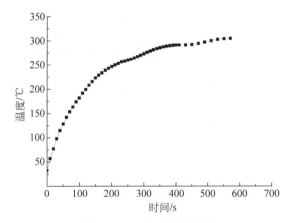

图 8-1-2　铂电阻升温曲线

根据 $\ln\left(\dfrac{T_{\infty}-T}{T-T_0}\right)=-\dfrac{t}{\tau}$，绘制出曲线 $\ln\left(\dfrac{T_{\infty}-T}{T-T_0}\right)\sim t$，其中 T_0 取 32.3℃，T_{∞} 取 304.5℃，画出曲线如图 8-1-3 所示。

所以，升温时测得的铂电阻温度计的时间常数（单位：s）为

$$\tau=1/0.0118=85$$

降温阶段铂电阻指示温度随时间的变化情况记录如表 8-1-2 所示。

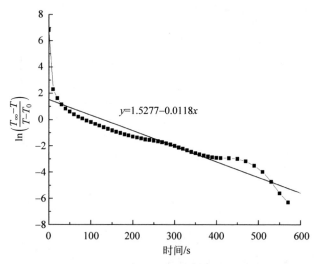

$$y = 1.5277 - 0.0118x$$

图 8-1-3　铂电阻升温曲线对数图

表 8-1-2　降温阶段铂电阻指示温度随时间的变化情况

时间/s	0	10	20	30	40	50	60	70
温度/℃	305.6	301.1	288.3	274.6	261.9	247.3	236.4	225.0
时间/s	80	90	100	110	120	130	140	150
温度/℃	214.9	206.1	197.1	187.8	181.8	174.0	166.8	160.2
时间/s	160	170	180	190	200	210	220	230
温度/℃	153.6	148.0	143.3	137.9	133.4	127.9	123.4	120.0
时间/s	240	250	260	270	280	290	300	310
温度/℃	115.5	112.1	108.5	105.3	101.5	99.2	95.4	92.9
时间/s	320	330	340	360	380	400	420	440
温度/℃	90.9	88.0	85.3	81.2	76.8	72.8	69.4	66.2
时间/s	460	480	500	520	540	560	580	600
温度/℃	63.2	60.3	57.9	55.5	53.3	51.3	49.5	47.8
时间/s	620	640	660	680	700	720	740	760
温度/℃	46.2	44.8	43.4	42.1	41.0	39.9	38.9	37.9
时间/s	780	800	820	840	860	880	900	
温度/℃	37.1	36.2	35.5	34.7	34.0	33.4	32.9	

铂电阻降温曲线如图 8-1-4 所示。

同理,取对数后取中间段画出曲线如图 8-1-5 所示。

所以,降温时测得的铂电阻时间常数(单位:s)为

$$\tau = 1/0.0076 = 132$$

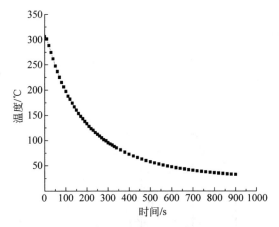

图 8-1-4 铂电阻降温曲线

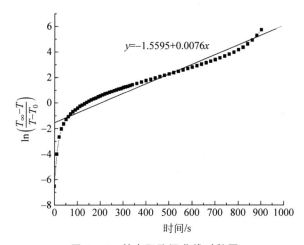

图 8-1-5 铂电阻降温曲线对数图

对同一支铂电阻,升温和降温情况下获得的时间常数并不一致。一般降温下测得的时间常数较大,其原因有待进一步的研究。同样,截取不同温度段,或者是最大温度的设置不同,也会在一定程度上影响时间常数的数值。这些都是实验的特点,与理论不完全相同。

8.2 气体种类对热导式真空计特性的影响

1. 实验目的

(1)了解真空系统的基本构成和真空的获得方法;

(2)掌握热电导式真空计的工作原理。

2. 实验设备

真空泵、真空腔、热导式皮拉尼管真空计、压阻式真空计、气源,真空系统图如图 8-2-1 所示。

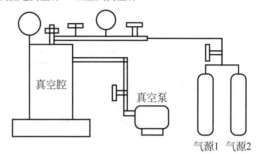

图 8-2-1 真空系统图

3. 实验内容

（1）利用真空泵对真空腔和连接管路进行抽真空；

（2）测量以空气为介质的不同压强下皮拉尼真空计的输出信号；

（3）测量以二氧化碳为介质的不同压强下皮拉尼真空计的输出信号。

4. 实验原理

热导式真空计（如本实验中采用的皮拉尼管）由金属或玻璃外壳和内装的高电阻系数（铂或钨）灯丝等组成。在外加电流能量恒定的情况下,灯丝的温度主要取决于周围气体传热性能,灯丝电阻随压强升高而下降。由于不同种类的气体传热性能不同,所以同样压强下灯丝电阻是不一样的,即仪表系数与气体种类有关,本实验就是为了证明这一点。

5. 实验步骤

（1）检查管路连接与阀门的开关状态。

（2）开启机械真空泵使整个系统达到约 1 Pa 的真空水平。

（3）切断连接真空泵的阀门,同时使压阻式真空计所在的管段与真空腔隔开。

（4）在压阻式真空计所在管段放入一定量的空气。放入量由压阻式真空计读出,在最小、居中和最大量程处各选 1 点。

（5）打开压阻式真空计所在管段使之与真空腔相连接，并记下皮拉尼真空计的读数。

（6）换用二氧化碳，并尽量保证放入的二氧化碳在最小、居中和最大量程情况下，压阻式真空计读数与空气的对应读数相同。

（7）实验中应注意：皮拉尼真空计不能迅速暴露于大气中，否则可能会冲断灯丝。任何时候都要小心、缓慢地打开阀门，并随时观察相关仪表的读数不要超量程。

6. 实验数据与结果

空气介质：

注入气体压强/kPa	10.0	50.5	90.0
皮拉尼真空计读数/Pa	105	300	420

二氧化碳介质：

注入气体压强/kPa	10.0	50.5	90.0
皮拉尼真空计读数/Pa	103	180	190

响应曲线如图 8-2-2 所示。

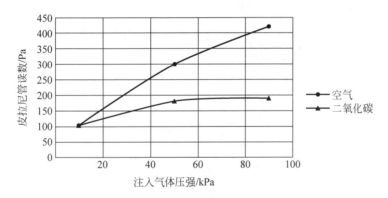

图 8-2-2　不同压强下空气和二氧化碳皮拉尼真空计读数

从图 8-2-2 可以看出，在相同压强下，皮拉尼真空计对不同气体的输出读数并不相同，所以，如果使用热导式真空计测量特殊气体，需要考虑该真空计标定时采用何种气体，是否需要修正。本实验中，空气介质采用室内空气，二氧化碳介质采用瓶装气源。

8.3 气体流量标准装置校正浮子流量计

1. 实验目的

(1) 了解流量标定装置,掌握钟罩式气体流量标准装置的工作原理和操作方法。

(2) 对被检流量计仪表系数进行校正。

2. 实验装置

钟罩式气体流量标准装置,浮子流量计。

3. 实验原理

(1) 钟罩式气体流量标准装置

该装置如图 8-3-1 所示,它是一种以钟罩有效容积为标准容积的计量设备。当钟罩下降时,钟罩内的气体经过试验管道排往被检测的仪表,以钟罩排出的气体标准体积来标定流量仪表的仪表系数。

图 8-3-1 钟罩式气体标准装置

为了保证在工作时气体以恒定的流量排出钟罩,钟罩内应该有一个恒定的压力源,它是利用钟罩的质量超过配重锤质量而产生的(所以也叫钟罩余压),并利用补偿机构使余压不随钟罩浸入液槽中的深度而改变,从而保证了钟罩内工作压力的恒定。当需要不同的工作压力时,可通过增减配重锤的砝码来实现,配重锤的砝码加得越多,钟罩内的工作压力就越低。

(2) 浮子流量计

如图 8-3-2 所示,它是变面积式流量计的一种,由一个圆锥形管和一个置于锥形管内可以上下自由移动的浮子构成。浮子流量计工作时垂直安装在测量管道上,当流体自下而上流入锥管时,在浮子上、下游之间产生压力差,浮子在压力差的作用下上升,相应位置的流动截面积也发生变化,使得浮子在一定位置稳定下来。浮子在圆锥管中的位置与流体流经锥管的流量的大小成对应关系,这就是转子流量计的计量原理。

浮子稳定时受力由公式(8-3-1)描述:

$$V(\rho_t - \rho_f)g = \Delta p A \qquad (8\text{-}3\text{-}1)$$

其中,V 为浮子的体积; ρ_t 为浮子的密度; ρ_f 为流体的密度; Δp 为浮子前后的压差(Δp 是一常数); A 为浮子的最大截面积。

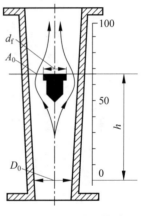

图 8-3-2 浮子流量计原理示意图

4. 实验步骤

(1) 熟悉钟罩式气体标准装置的工作原理,结构、开关、阀门等;

(2) 检查钟罩和筒体间液体高度是否合适;

(3) 启动风机,观察钟罩是否工作正常;

(4) 掌握钟罩刻度读数和秒表计时的配合,掌握浮子流量计的读数和单位;

(5) 确定换向阀使气体接通被标定的流量计,通过调节阀门开度得到不同流量;

(6) 测量 3 个不同流量下流量计读数和钟罩下降刻度值与对应时间间隔。每个值测量 5 次,比较它们的差别;

(7) 计算得到流量计仪表系数。

5. 实验结果与讨论

测量结果如表 8-3-1 所示。

表 8-3-1 浮子流量计标定数据

初始刻度/mm	最终刻度/mm	时间/s	实际流量/(m³/h)	实际流量均值/(m³/h)	流量计读数/(m³/h)	实际流量/流量计读数
390	470	72.00	0.5105			
430	510	72.82	0.5048			
460	540	73.55	0.4997	0.5040	0.46	1.096
440	520	73.05	0.5032			
460	540	73.23	0.5019			
440	480	39.78	0.4615			
490	530	39.63	0.4633			
420	460	39.77	0.4617	0.4637	0.42	1.104
470	510	39.73	0.4621			
520	560	39.07	0.4699			
440	470	33.52	0.4081			
490	520	34.69	0.3943			
530	560	33.17	0.4124	0.4087	0.37	1.105
460	490	32.88	0.4161			
510	540	33.17	0.4124			

可以发现,流量计读数与实际流量值有较大的偏差,而且随流量不同差别也不同,取平均值有:$\dfrac{1.096+1.104+1.105}{3}=1.102$。

因此可以认为,该浮子流量计测得的实际流量应该在原有读数上乘以 1.102。

本实验通过对浮子流量计仪表系数进行修正实验以了解钟罩装置的基本操作过程。对于所得仪表系数的修正数据还需要进一步给出不确定度,包括钟罩本身的不确定度、实验数据散差引起的不确定度等,在此没有给出。

8.4 压电陶瓷压电常数(d_{33})的测试

1. 实验目的

(1) 了解压电陶瓷的压电效应和极化过程;

(2) 掌握准静态 d_{33} 测量仪的使用方法及测试原理。

2. 实验内容

用准静态法测量钛酸钡($BaTiO_3$)的压电常数 d_{33},由此确定最佳极化参数。

3. 实验原理

压电陶瓷是一种具有压电效应的材料,参见 7.2 节中的"压电效应"。压电陶瓷是新型功能电子材料,随着材料及工艺的不断研究和改良,压电材料作为机、电、声、光、热敏感材料,在传感器、换能器、无损检测和通信技术等领域已获得了广泛的应用。

钛酸钡陶瓷是发现最早的无铅压电陶瓷材料,也是最先获得应用的压电陶瓷材料。压电陶瓷的制备工艺过程如图 8-4-1 所示。

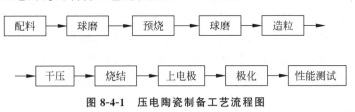

图 8-4-1　压电陶瓷制备工艺流程图

压电陶瓷必须经过人工极化之后才具有压电性能。人工极化指在压电陶瓷上施加直流强电场进行极化,使陶瓷的各个晶粒内的自发极化方向平均地取向于电场方向,即以强电场使电畴规则排列,使之具有近似于单晶的极性,并呈现出明显的压电效应。在极化电场去除后,电畴基本上保持不变,留下了很强的剩余极化。极化工艺的 3 个主要参数是极化电场、极化温度和极化时间,大多数压电陶瓷的极化条件为

极化温度 $100\sim150℃$;

极化电场 $2.5\sim4.5\,kV/mm$;

极化时间 $5\sim20\,min$。

具体参数依据不同材料组成及制品尺寸确定。

压电常数 d_{33} 是压电陶瓷重要的特性参数之一,它是压电介质把机械能(或电能)转换为电能(或机械能)的比例常数,反映了材料机电性能的耦合关系和压电效应的强弱。压电常数测试方法分为动态法、静态法和准静态法。

(1) 动态法:精度高,对样品形状尺寸有严格要求,测量方法烦琐,无法测出被测样品的极性。

(2) 静态法:操作简单,可同时测出试样的压电常数和极性。但由于压电非线性及热释电效应,测量误差可达 $30\%\sim50\%$。此外,对被测样品的形状和尺寸有严格要求。

(3) 准静态法:对样品的形状和尺寸要求不严,片状、柱状、条状、管状、环状等均可测量。测量范围宽,分辨率和可靠性高,操作方便快捷,是一种实用性较强的测试方法。

使用准静态法测量压电常数 d_{33} 的原理如下。

根据压电方程：

$$d_{33} = (D_3/T_3)^E = (S_3/E_3)^T \qquad (8\text{-}4\text{-}1)$$

其中，D_3、E_3 分别为电位移和电场强度；T_3、S_3 分别为应力和应变。

式(8-4-1)可写为

$$d_{33} = (Q/A)(F/A) = Q/F = CV/F \qquad (8\text{-}4\text{-}2)$$

其中，A 为试样的受力面积；Q 为电荷量；F 为作用在试样上的力；C 为与试样并联且比试样自身容量大很多的电容；V 为 C 两端的充电电压。

仪器发出电驱动信号，使测试头内的电磁驱动部分产生一个 0.25 N、频率为 110 Hz 的低频交变力，通过上、下探头加到被测样品和内部比较样品上，由于两者串联，因而所受的交变力相等。由正压电效应产生的两个电信号经过放大、检波、相除等处理后，将试样的 d_{33} 值和极性直接显示在仪器面板上。

4. 实验仪器

(1) 实验仪器：ZJ-3AN 型准静态 d_{33} 测量仪、极化装置、马弗炉、热台等。

(2) 待测样品：一般情况下要求试样质量小于 100 g，试样电容小于 10 nF，形状不限，推荐标准试样尺寸为直径 10 mm，厚度 5 mm，测试频率为 100 Hz。

5. 实验步骤

(1) 极化：将待测陶瓷圆片置于极化装置硅油中，在一定的极化电场强度、温度和时间下进行极化；

(2) 用两根多芯电缆把 d_{33} 测量仪测量头和准静态测量仪本体连接好，接通电源；

(3) 把 $\phi 20$ mm 尼龙片插入测量头的上、下探头之间，调节手轮，使尼龙片刚好被压住为止；

(4) 把仪器后面板上的"显示选择"开关置于"d_{33}"一侧，此时面板右上方绿灯亮；

(5) 把仪器后面板上的"量程选择"开关置于"×1"挡；

(6) 按下"快速模式"，仪器通电预热 10 min 后，调节"调零"旋钮使面板表指示在"0"与"−0"之间跳动，调零即完成，撤掉尼龙片开始测量；

(7) 依次接入待测元件，表头显示 d_{33} 结果及正负极性，记录测量结果。

6. 实验结果

采用不同极化条件(室温 RT，100℃，150℃；0.5 kV，1.2 kV，2.5 kV，

3 kV,5 kV；3 min,5 min,10 min)获得压电陶瓷样品。采用准静态测量仪测量样品的压电常数 d_{33}，从而得到此材料的最佳极化参数，如表 8-4-1 所示。

表 8-4-1 极化参数与压电常数 d_{33}

时间/min	电压/kV	温度/℃	压电常数 d_{33}/(pC/N)
3	0.5	RT	18
3	0.5	100	60
3	0.5	150	120
3	2.5	RT	190
3	2.5	100	340
3	2.5	150	击穿
3	5.0	RT	击穿
3	5.0	100	击穿
3	5.0	150	击穿
5	0.5	RT	20
5	0.5	100	65
5	0.5	150	125
5	2.5	RT	210
5	2.5	100	360
5	2.5	150	击穿
5	5.0	RT	击穿
5	5.0	100	击穿
5	5.0	150	击穿
10	0.5	RT	25
10	0.5	100	75
10	0.5	150	150
10	2.5	RT	250
10	2.5	100	420
10	2.5	150	击穿
10	5.0	RT	击穿
10	5.0	100	击穿
10	5.0	150	击穿
10	1.5	RT	100
10	1.5	100	350
10	1.5	150	450
10	3.0	RT	300
10	3.0	100	450
10	3.0	150	击穿

7. 结果分析

由表 8-4-1 中的实验结果可以得出最佳极化参数为：10 min,1.5 kV,150℃和 10 min,3 kV,100℃。此时,所获得的压电常数为 450 pC/N

在实验过程中要注意：

(1) 压电陶瓷片易碎,测试时要小心;

(2) 调零一律在"快速模式"下进行,为减少测量误差,在测试过程中零点如有变化或换挡时,需要重新调零;

(3) d_{33} 测量应至少取 3 次测量的平均值;

(4) 检查和清除元件边缘残存印迹。

8.5 电涡流传感器标定精度研究

1. 实验目的

电涡流位移传感器采用金属表面靠近交变电磁场时产生电涡流,从而检测到金属和探测线圈之间的互感,该互感与它们的距离有关(参见 7.2 节内容)。现有一特定的狭窄空间,要求测量铜制元件位移范围为 0.5~5 mm,同时传感器探头直径不能超过 14 mm,传感器测量位移的不确定度要求小于 0.1 mm。为了这个特定应用需要而设计的电涡流位移传感器需要尽量增大量程,同时还需要进行专门的标定。

首先需要考虑的是量程,我们知道,电涡流传感器的量程较小,所以在 14 mm 的直径内获得 5 mm 的量程是比较困难的,为此,本节研究如何最大可能地提高传感器的量程。

2. 标定内容

传感器量程范围、拟合曲线对精度的影响、传感器稳定性。

3. 标定方法及工具

(1) 精密坐标架(千分尺)标定,精度 5 μm。

(2) 标定点间隔 0.50 mm,标定次数 5 次。

标定实验台架见图 8-5-1。

4. 不同材料下量程范围的标定

进行两组对比实验,被测对象分别是纯铜和纯铁,结果如图 8-5-2 所示。

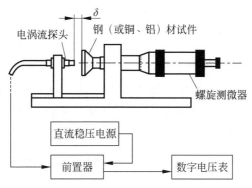

图 8-5-1　电涡流位移传感器标定方法示意图

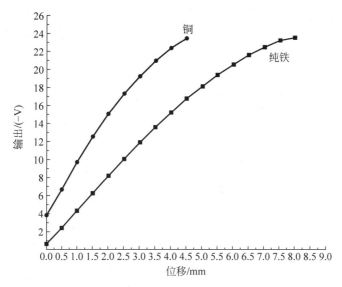

图 8-5-2　不同金属材料电涡流传感器的输出特性

　　从图 8-5-2 的曲线可以看到,测量对象是纯铁的情况下,传感器的有效量程要明显大于纯铜情况下的有效量程。对于测量对象是纯铜的情况,量程只能达到 4.5 mm,由于电涡流传感器供电是 0 V 和 -24 V,4.5 mm 量程下基本上达到饱和电压,因此已经没有增加量程的可能。采用纯铁时,则由于其磁导率比铜大许多,因此增加了传感器量程,但其敏感系数减小。纯铁情况下最大量程可以接近 8 mm。

　　这一对比数据说明,在同样的探测线圈直径下,测量对象的电磁特性决定了传感器的量程。大量程带来了敏感系数的减小,一定程度上会使分辨力降低。例如,假定电压读数最小是 1 mV,所对应的距离误差随着敏感系数减小而增大,但在该应用中,1 mV 的变化无论是对铜材料还是纯铁,都只是带来亚微米的距离误差,可以忽略。

5. 标定曲线拟合与结果分析

依据以上结果,我们采用纯铁作为被测对象(如果对象不是纯铁,则对其贴上纯铁薄片)。采用精密机械坐标(精密千分尺)对制作的电涡流传感器进行详细标定。标定数据如表 8-5-1 所示。

表 8-5-1　对于纯铁的电涡流传感器的标定数据

位移/mm	输出电压/V					
	1	2	3	4	5	平均值的绝对值
0.0	−0.626	−0.625	−0.625	−0.624	−0.624	0.6248
0.5	−0.682	−0.686	−0.680	−0.686	−0.670	0.6808
1.0	−2.386	−2.428	−2.376	−2.377	−2.284	2.3702
1.5	−4.314	−4.337	−4.267	−4.252	−4.175	4.2690
2.0	−6.255	−6.288	−6.177	−6.181	−6.121	6.2044
2.5	−8.192	−8.239	−8.098	−8.104	−8.020	8.1306
3.0	−10.082	−10.163	−9.964	−9.983	−9.899	10.0182
3.5	−11.905	−11.993	−11.778	−11.784	−11.712	11.8344
4.0	−13.635	−13.744	−13.513	−13.527	−13.450	13.5738
4.5	−15.264	−15.386	−15.140	−15.148	−15.092	15.2060
5.0	−16.781	−16.941	−16.653	−16.668	−16.603	16.7292
5.5	−18.177	−18.300	−18.056	−18.064	−18.012	18.1218
6.0	−19.439	−19.544	−19.325	−19.338	−19.291	19.3874
6.5	−20.572	−20.680	−20.479	−20.491	−20.444	20.5332
7.0	−21.579	−21.685	−21.495	−21.525	−21.462	21.5492
7.5	−22.465	−22.555	−22.375	−22.424	−22.347	22.4332
8.0	−23.230	−23.298	−23.151	−23.200	−23.134	23.2026
8.5	−23.512	−23.512	−23.510	−23.510	−23.513	23.5114

为了更好地利用传感器的线性范围,我们截取距离 0.5～5.5 mm 部分的标定数据。分别采用线性拟合和二次拟合,拟合结果见图 8-5-3,表达式为

```
Linear Regression :
Y = A + B * X
Parameter  Value      Error
------------------------------------------------------------
A  0.83555    0.15587
B  3.56172    0.05269
```

```
--------------------------------------------------------------------
Polynomial Regression:
Y = A + B1 * X + B2 * X^2
Parameter  Value      Error
--------------------------------------------------------------------
A   0.46185            0.10594
B1  4.05999            0.09858
B2  − 0.09965          0.01899
--------------------------------------------------------------------
```

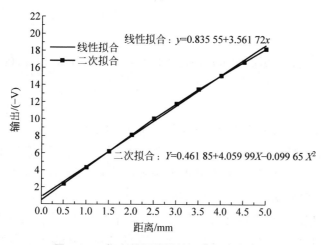

图 8-5-3　标定数据的线性拟合和二次拟合

最大拟合误差：线性拟合 0.52 V，二次拟合 0.21 V。

而 0.5～5.5 mm 的 5 次标定最大偏差为 0.169 V，敏感系数为 3.488 V/mm。

测量总不确定度由标定数据最大偏差、曲线拟合误差和精密坐标精度合成得到。

对线性拟合：

$$\sqrt{0.169^2 + 0.52^2}/3.488 = 0.157$$

合成不确定度 $\sqrt{0.086^2 + 0.005^2}$ mm $= 0.157$ mm

对二次拟合：

$$\sqrt{0.169^2 + 0.21^2}/3.488 = 0.077$$

合成不确定度 $\sqrt{0.057^2 + 0.005^2}$ mm $= 0.077$ mm

由上面的计算可以看出，由于精密坐标架的精度足够高，以至于可以不考虑其带来的测量误差。另外，线性拟合的标准不确定度大于要求的 0.1 mm，而二次曲线拟合的标准不确定度达到了要求。所以，最后采用二次曲线拟合。

8.6 陶瓷材料弯曲强度测试

1. 实验目的

(1) 掌握陶瓷材料双轴弯曲强度测试方法及原理；

(2) 掌握不确定度分析和实验结果的正确表示方法。

2. 实验内容

利用双轴弯曲测试法测试钇稳定氧化锆陶瓷材料($3Y\text{-}ZrO_2$)的弯曲强度。

3. 实验原理

弯曲强度指材料抵抗弯曲而不断裂的能力。对于陶瓷材料，通常在弹性变形后立即发生脆性断裂，不会出现塑性变形或很难发生塑性变形，因此对陶瓷材料而言，其力学性能的分析主要集中在弯曲强度、断裂韧性和硬度上。弯曲强度的测试一般采用四点弯曲测试或三点弯曲测试方法评测。在测试生物口腔陶瓷材料的弯曲强度时，这两种方法在测试过程中对样品边缘的裂纹十分敏感，无法完全避免边缘的裂纹等缺陷，而样品的破坏往往起源于样品边缘，因而实验数据的散差很大。双轴弯曲测试中可以忽略样品边缘的影响，由此得到的强度的实验数据的散差比较小。双轴测试采用圆片样品，圆片底部用一个环形物或由若干个球轴承组成的环形阵列进行支撑，上方采用活塞压头对圆片进行施压，施压头与支撑圆片的环形物或球轴承同心。

(1) 双轴弯曲测试结构

如图 8-6-1 所示，装置中的 3 个硬化钢球直径为 2.5～6.5 mm，置于水平的圆盘上，三者夹角为 120°，待测样品与支撑轴承球心放置，施压头直径为(1.4 ± 0.2)mm，处于试样中心施加负载。

(2) 样品尺寸

样品直径 12.0～16.0 mm，厚度为(1.2 ± 0.2)mm。

(3) 样品制备

① 试样相对面的平行度不大于 0.02 mm，横截面的两相邻边夹角应为 $90°\pm0.5°$。

② 试样上、下表面需作磨平、抛光处理。试样上、下的表面粗糙度 Rz 不大于 0.80 μm。粗糙表面可能引起应力集中而产生早期断裂。

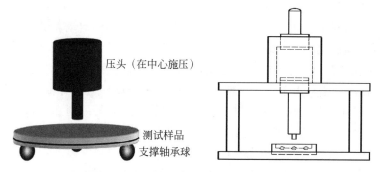

图头（在中心施压）

测试样品

支撑轴承球

图 8-6-1 双轴弯曲强度测试装置示意图

③ 每组试样数量 10 个以上，然后取平均值。

（4）计算公式

按下列公式计算出每个试样的双轴弯曲强度 M：

$$M = \frac{-0.2387W(X-Y)}{d^2} \tag{8-6-1}$$

$$X = (1+\nu)\ln\left(\frac{r_2}{r_3}\right)^2 + \frac{1-\nu}{2}\left(\frac{r_2}{r_3}\right)^2 \tag{8-6-2}$$

$$Y = (1+\nu)\left[1+\ln\left(\frac{r_1}{r_3}\right)^2\right] + (1+\nu)\left(\frac{r_1}{r_3}\right)^2 \tag{8-6-3}$$

其中，M 为弯曲强度，MPa；W 为试样断裂时的最大负荷，N；d 为断裂起始点试样的厚度，mm；ν 为泊松比（对于氧化锆陶瓷材料，使用 $\nu=0.36$）；r_1 为支撑圆半径，mm；r_2 为压头半径，mm；r_3 为试样半径，mm。

4. 实验仪器和夹具

AG-IC20KN 电子万能试验机：应能保证一定的位移加荷速率，负荷示值相对误差不大于 $\pm1\%$。

夹具：试样支座和施压头应在试验过程中不会发生塑性变形，其材料的弹性模量不低于 200 GPa。支座和压头的曲率半径和试验跨距应大于试样的宽度，与试样接触部分的表面粗糙度 P_z 不大于 $1.6\,\mu m$。

5. 测试步骤

（1）用游标卡尺测量试样的直径和厚度尺寸，精确至 0.01 mm。试验前测量试样尺寸时，应尽可能在接近中点的地方测量；如果试验后测量试样尺寸，应在试样的断裂处或接近断裂处测量；

（2）在测试中应保证压头的清洁；

（3）打开试验机的电源开关，预热 15 min 以上，同时启动相关软件；

（4）设定试验参数（试验速度、载荷量程等），在试样负荷点上，以 0.5 mm/min 的位移速度加荷，假设试验夹具是刚性的，那么断裂的时间通常应在 3～30 s，测试时，预压力不应大于强度预期值的 10%；检查试样和所有辊棒的线接触情况以保证线性载荷的连续；如果加载曲线不是连续均匀的则卸下载荷，并按要求调节夹具以达到连续均匀地加载；

（5）进行载荷的调零和电气校准；

（6）确认试验参数正确后，按操作盘上的 START 键开始试验；测试结束后，卸下试样；

（7）读取或打印试验结果。记录载荷的精度在 ±1% 或更高；

（8）如果继续试验，重复步骤 4～步骤 7；

（9）全部试验结束后，关闭试验机的电源开关，关闭变压器电源。

5. 测试结果和不确定度分析

如表 8-6-1 所示，为钇稳定氧化锆陶瓷材料弯曲强度测试结果。

表 8-6-1　钇稳定氧化锆陶瓷材料弯曲强度测试结果

试样直径/mm	试样厚度/mm	最大载荷/N	弯曲强度/MPa
14.95	1.67	1972.66	1180.41
14.51	1.66	1306.88	793.45
14.42	1.61	2869.84	1853.26
15.54	1.58	1540.94	1027.00
14.51	1.57	989.78	671.80
15.53	1.61	1546.78	992.88
14.23	1.59	1622.34	1075.44
15.01	1.56	1300.89	891.80
14.93	1.62	1281.34	814.89
15.43	1.58	1702.53	1135.31
14.58	1.60	1786.64	1167.12
15.51	1.65	1672.68	1022.37

注：支撑圆半径 10 mm，压头半径 1.4 mm，泊松比 0.36。

平均弯曲强度：$\overline{M} = 1022.37$ MPa；

平均值不确定度：$S_{\overline{M}} = \sqrt{\dfrac{\sum\limits_{i=1}^{N}(M_i - M)^2}{N(N-1)}} = 86$ MPa；

本实验中 $N=12$；

综上 $M=(1022\pm86)\,\mathrm{MPa}$；

相对不确定度：$E_{\overline{M}}=\dfrac{S_{\overline{M}}}{M}=8.4\%$。

需要进一步指出的有以下几点：

（1）陶瓷的弯曲强度取决于其本身固有的抵抗断裂的能力，以及陶瓷本身的特点。由于这些因素造成了陶瓷强度的离散性，因此需要进行抽样测试，试样数量不应少于10个。

（2）弯曲强度同样受许多测试条件的影响，包括加载速率、测试环境、试样尺寸、测试夹具及试样的表面处理，其中表面处理尤为重要，因为最大断裂应力是作用在试样表面的。

（3）表面加工时应使用纵向研磨来减少表面微裂纹的影响。纵向研磨使大多数微裂纹平行于试样的张力作用方向，这使得能够尽可能地测量到材料的真实强度。相反地，横向的研磨可导致垂直于试样的划痕，试样很容易在划痕处发生断裂。

（4）如果有很多断裂发生在内跨距之外，或者很多断裂直接发生在四点弯曲加载处，有可能是测试仪器没有调试好，应停止测试，把问题解决后再继续。

（5）实验过程中应测量、记录实验室湿度和温度。

8.7　材料的密度及气孔率测试

1. 实验目的

（1）掌握材料密度、气孔率测试原理和方法；

（2）了解饱和试样的制备原理及方法。

2. 实验内容

（1）镍锌铁氧体（$Ni_{0.5}Zn_{0.5}FeO_3$）材料体积密度的测试；

（2）对测试结果进行误差分析。

3. 实验原理

材料的密度、气孔率及吸水性是材料最基本的属性，对材料的性能和质量有重要的影响。同时，这些参数也是鉴定矿物的重要依据，以及进行其他许多物性测试（如颗粒粒径测试）的基础数据。

材料密度的物理意义指单位体积物质的质量,材料吸水率和气孔率的测定都基于密度的测定。由阿基米德定律可知,浸在液体中的任何物体都要受到浮力(液体的静压力)的作用,浮力的大小等于该物体排开液体的质量,即 $F_浮 = V\rho_液$。因此,物体的体积可以通过将物体浸于已知密度的液体中,进而测定其浮力的方法来求得。通过测量样品的干重、浮重和湿重,结合实验温度下浸渍液体的密度,根据相关计算公式,就能得到试样的体积密度、表观密度、真密度、开口气孔率、闭口气孔率和真气孔率等参数。

由于大部分材料由包括气孔在内的多相系统组成,材料体积包括材料实际体积和全部开口、闭口气孔所占的体积,所以,在体积密度和气孔率的测试过程中,需要排除试样开口气孔中的空气,也就是将样品制备成饱和试样。

目前,制备饱和试样的方法主要有两种:煮沸法和抽真空法。煮沸法是将待测样品放入烧杯中,加去离子水,加热至沸腾并保持微沸状态 1 h 以上。抽真空法是将待测样品放入真空室进行抽真空,然后对样品充以液体(媒介液),得到饱和试样。

(1)密度(真密度)、表观密度和体积密度

密度的物理意义指单位体积物质的质量,由于陶瓷材料由包括气孔在内的多相系统组成,所以陶瓷材料的密度可分为密度(真密度)、表观密度、体积密度和堆积密度等。

① 密度(真密度):材料在绝对密实状态下单位体积的质量。按式(8-7-1)计算:

$$\rho = \frac{M}{V} \tag{8-7-1}$$

其中,ρ 为材料的密度,g/cm^3;M 为材料的质量(干燥至恒重),g;V 为材料在绝对密实状态下的体积,cm^3。

除了钢铁、玻璃等少数材料外,绝大多数材料内部都有一些孔隙。在测定有孔隙材料(如砖、石等)的密度时,应把材料磨成细粉,干燥后,用李氏瓶测定其绝对密实体积。材料磨得越细,测得的密实体积数值就越精确。

另外,工程上还经常用到相对密度的概念,用材料的质量与同体积水(4℃)的质量的比值表示,无量纲,其单位与材料密度相同(g/cm^3)。

② 表观密度:单位体积(含材料实体及闭口孔隙体积)的质量,也称为视密度。按式(8-7-2)计算:

$$\rho' = \frac{M}{V'} \tag{8-7-2}$$

其中,ρ' 为材料表观密度,g/cm^3;M 为材料质量,g;V' 为材料在包含闭口孔隙条件下的体积(不含开口孔),cm^3。

通常,材料在包含闭口孔隙条件下的体积,采用排液置换法或水中称重法测量。

③ 体积密度:不含游离水时材料的质量与材料总体积(包括材料实际体积和全部开口、闭口气孔所占的体积)之比,俗称容重。体积密度可按式(8-7-3)计算:

$$\rho = \frac{M_1}{V_0} \qquad (8\text{-}7\text{-}3)$$

其中,试样的体积 V_0 包括材料实体及开口孔隙、闭口孔隙。可用排液法或封蜡排液法测得。做法是:首先将待测试样品制备成饱和浸液的试样,称量其在空气中的质量 M_3 及在液体中的质量 M_2,得到浮力: $F_浮 = M_3 - M_2 = V_0 \rho_液$,已知浸液的密度 $\rho_液$,即可得到样品的体积, $V_0 = (M_3 - M_2)/\rho_液$。

体积密度:

$$\rho = \frac{M_1 \rho_液}{M_3 - M_2} \times 100\% \qquad (8\text{-}7\text{-}4)$$

其中, ρ 为材料的体积密度,g/cm^3;M_1 为试样的质量,烘干至恒重;$\rho_液$ 为浸液密度;M_2 为饱和试样在浸液中的质量;M_3 为饱和试样在空气中的质量。

(2) 气孔率

气孔率指材料中气孔体积与材料总体积之比。材料中的气孔有封闭气孔和开口气孔两种,因此气孔率有封闭气孔率、开口气孔率和真气孔率之分。浸渍时能被液体填充或与大气相通的气孔称为开口气孔;不能被液体填充或不与大气相通的气孔称为闭口气孔。块状材料中固体材料的体积、开口及闭口气孔的体积之和称为总体积;开口气孔率(也称显气孔率)指材料中的所有开口气孔体积与材料总体积之比。闭口气孔率指材料中的所有闭口气孔体积与材料总体积之比。真气孔率(也称总气孔率)则指材料中的闭口气孔体积和开口气孔体积之和与材料总体积之比。

显气孔率 P_a:

$$P_a = \frac{M_3 - M_1}{M_3 - M_2} \times 100\% \qquad (8\text{-}7\text{-}5)$$

其中,M_1 为试样的质量,烘干至恒重;M_2 为饱和试样在浸液中的质量;M_3 为饱和试样在空气中的质量。

测试所使用浸液的要求:①密度要小于被测的试样;②对材料的润湿性好;③不与试样发生反应,不使试样溶解或溶胀。最常用的浸液有水。水的体积密度(0~46℃)可以通过查表 8-7-1 获得。

表 8-7-1　水的体积密度（0～46℃）

温度/℃	密度/(g/cm³)	温度/℃	密度/(g/cm³)	温度/℃	密度/(g/cm³)
0	0.999 87	16	0.998 97	32	0.995 05
2	0.999 97	18	0.998 62	34	0.994 40
4	1.000 00	20	0.998 23	36	0.993 71
6	0.999 97	22	0.997 80	38	0.992 99
8	0.999 88	24	0.997 32	40	0.992 24
10	0.999 73	26	0.996 81	42	0.991 47
12	0.999 52	28	0.996 26	44	0.990 66
14	0.999 27	30	0.995 67	46	0.989 82

4. 实验设备

测试装置有万分之一分析天平、烧杯、温度计、吊篮等；饱和试样制备装置有真空室、真空泵、蠕动泵等。它们分别如图 8-7-1 和图 8-7-2 所示。

图 8-7-1　测试装置

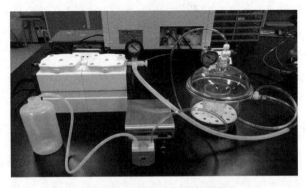

图 8-7-2　饱和试样制备装置

待测样品是镍锌铁氧体($Ni_{0.5}Zn_{0.5}FeO_3$)。样品以硫酸盐为原料、草酸盐为沉淀剂,利用共沉淀技术合成粉料,通过干压成型制得直径为 10 mm、厚度为 2 mm 的 10 个圆片,在 1150℃烧结 1 h,得到陶瓷样品。样品外观应平整,表面不得带有裂纹等破坏痕迹。由于材料的离散性,需测 5 个以上样品并取平均值。

5. 测试步骤

(1) 用超声波清洗机清洗样品,在 110℃(或在许可的更高温度)下烘干至恒重,置于干燥器中冷却至室温,称得试样质量 M_1,精确至 0.0001 g。试样干燥至最后两次称量之差小于前一次的 0.1% 即为恒重。

(2) 饱和试样(排除试样气孔中的空气)的制备,如图 8-7-3 所示。

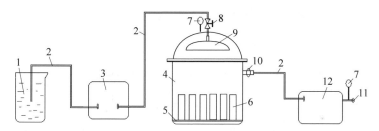

1—浸液;2—软管;3—蠕动泵;4—干燥器;5—样品架;6—样品;7—真空表;
8—施塞阀;9—花洒;10—气阀;11—放气阀;12—真空泵。

图 8-7-3　饱和试样制备装置构成示意图

① 煮沸法:将试样放入烧杯中加去离子水或蒸馏水,试样的上部应保持有 5 cm 深度的水,将水加热至沸腾并保持微沸状态 1 h,然后冷却至室温,得到饱和试样。煮沸时器皿底部和试样间应垫以干净纱布,以防止煮沸时试样碰撞掉角。

② 真空法(抽气法):将试样置于烧杯中,放于真空干燥箱内,打开真空泵抽真空至小于 20 Torr(1 Torr = 133.3224 Pa),保持 10 min。打开蠕动泵,在 5 min 内缓慢注入浸液,至浸没试样,继续保持 5 min,直至试样上无气泡出现时停止。将试样连同容器取出后,在空气中静置 10 min,得到饱和试样。

③ 将真空法或煮沸法得到的饱和试样放入电子天平并悬挂在水中的吊篮中,称取饱和试样在浸液水中的质量 M_2,精确至 0.0001 g。

④ 用饱和浸液的绸布或多层纱布,小心地拭去饱和试样表面流挂的液珠,注意不可将孔中浸液吸出,迅速称取饱和试样在空气中的质量 M_3,精确至 0.0001 g。

⑤ 根据公式: $\rho = \dfrac{M_1 \rho_{液}}{M_3 - M_2} \times 100\%$ 得到试样的密度,将测得的结果进行数据处理,得到样品体积密度的平均值。

6. 测试结果

体积密度测试结果如表 8-7-2 所示。

表 8-7-2　体积密度测试结果

实验次数 i	1	2	3	4	5	6	7	8	9	10
M_1/g	0.7501	0.9372	0.6199	0.7681	0.8546	0.6495	0.6716	0.8737	0.7673	0.7313
M_2/g	0.5905	1.0418	0.4924	0.6076	0.6696	0.5151	0.5338	0.6859	0.6120	0.5898
M_3/g	0.7661	0.8276	0.6404	0.7843	0.8656	0.6615	0.6838	0.8820	0.7836	0.7567
$\rho/(g/cm^3)$	4.2720	4.3760	4.1890	4.3470	4.3600	4.4360	4.4770	4.4550	4.4710	4.3820
$\bar{\rho}/(g/cm^3)$	4.3764									

得到

平均值：$\bar{\rho}=4.3764 \ g/cm^3$

平均值标准差：$\sigma_{\bar{\rho}} = \sqrt{\dfrac{\sum\limits_{i=1}^{N}(\rho_i - \bar{\rho})^2}{N(N-1)}} = 0.029 \ g/cm^3$

其中，$N=10$，浸液水的密度 $\rho_{液}$ 取 $1.000 \ g/cm^3$。

综上 $\rho=(4.38\pm0.03) \ g/cm^3$

相对不确定度：$E_\rho = \dfrac{\sigma_{\bar{\rho}}}{\bar{\rho}} = 0.68\%$

7. 注意事项

（1）温度的影响：由于温度对液体的密度有较大的影响，而固体密度测试是根据阿基米德原理用辅助液体来进行的，所以为了获得准确的测量结果，在固体密度测试中要考虑辅助液体的温度。

（2）吊篮在液体中的浸没深度：当在空气中和液体中称量固体质量时，吊篮在液体中的浸没深度基本不变（忽略由于固体侵没引起的液面变化），所以吊篮受到的浮力是恒定的。如果固体浸没引起液面显著变化，应当考虑吊篮在液体中的浸没深度对测定密度结果的影响。

（3）气泡：对于浸湿性能较差的液体，气泡可能会附着在吊篮或待测固体表面上，气泡的浮力会影响测试结果。因此要尽可能避免空气气泡。

（4）固体的多空性：当固体浸没在液体中时，并不是所有的（开口）气孔均被液体占据，这会引起浮力的误差，所以多空性固体物质的密度只能是粗略测定。测量 M_3 时，所用绸布或纱布须饱和浸液，并尽可能快速操作，避免将开口气孔中的浸液吸出或流出。

8.8　两相流动下管道振动阻尼系数测量

1. 实验目的

阻尼系数在结构振动中起着重要的作用。我们知道,增加阻尼可以使结构发生共振的振幅大大减小,阻尼还影响着结构对外来激振力响应的相位。在工程中会研制专门的阻尼器安装在适当位置进行减震,对于已有的结构,也希望得到其在一定条件下阻尼的大小。所以,阻尼的测量是一个重要的课题。

2. 实验原理

本实验对管道中流过水和空气的两相流下管道振动阻尼进行测量。实验在水-气两相流试验台架上进行。水通过水泵进入稳压容器,再流经水平直管段后进入标定量器测定水的流量(见 6.4 节)。在直管段开始处通入给定流量的空气使之与水混合,形成水-气两相流。测量管段安装于直管段后半部,是两端带有波纹管的相同内径直管段。采用电磁激振的方法,对测量管段进行不同频率的激励。采用电涡流传感器测量管段的振动幅值,记录管段在共振频率范围的振幅和频率曲线。

根据振动理论,依照共振曲线和半功率方法可以得到测量管段振动的阻尼系数:

$$\xi = \frac{f_2 - f_1}{2f_0} \tag{8-8-1}$$

其中参数见图 8-8-1。

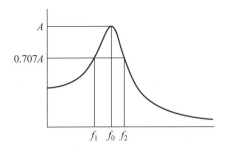

图 8-8-1　采用半功率方法求阻尼系数的原理示意图

3. 实验装置和测量仪器

激振装置:数字合成函数信号发生器;直流功率放大器;电磁激振器。

测量仪器：涡流传感器；频谱仪；气体流量计。

试验台：水-气两相流标定实验台，如图 8-8-2 所示，测量部分原理如图 8-8-3 所示。

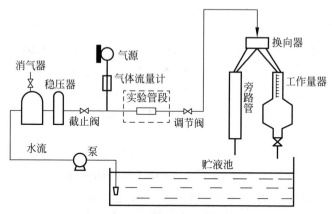

图 8-8-2　水-气两相流标定实验台

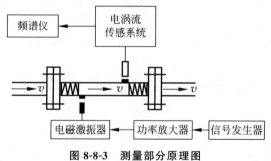

图 8-8-3　测量部分原理图

4. 实验结果

调节不同水流量和不同空气流量可以获得多种含气率的组合。信号发生器用正弦波通过扫频得到实验管段的共振频率，进而在包含该频率的范围内采用定步长进行激励，由电涡流传感器检测实验管段振幅，由频谱仪得到振幅的同频分量。

利用不同频率激励下的振幅描绘出实验管段的幅频响应曲线，如图 8-8-4 所示。

依照以上实验曲线和半功率方法的公式得到的阻尼系数与含气率的关系如图 8-8-5 所示。

从图 8-8-4 可以看出：随着气流量的增加，管段的共振峰频率会略增大。这是由于随着气体流量增大，管段含气量增加，单位管段的密度减小，从而导致

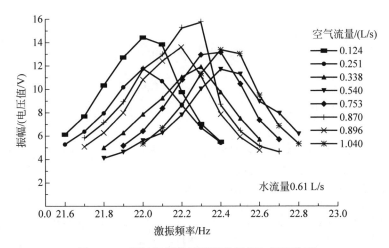

图 8-8-4 通过扫频得到测量段振幅与频率关系

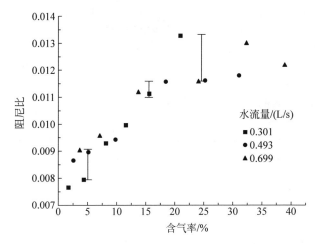

图 8-8-5 由实验数据计算得到的阻尼系数与含气率的关系

振动的共振频率增大。

由图 8-8-5 可以看到,在实验范围内:①管段的阻尼系数为 0.007～0.014 (含气率为 0～35％),这样数量级的阻尼相对来说是小的;②该阻尼系数随着水流中含气量的增加而增加,基本上呈线性关系。由于水-气流动和振动过程中存在相互作用,所以含气率增加会引起阻尼增加,这应该是符合逻辑的;③实验结果的数据存在一定散差,尤其是当含气率超过 20％以后,这应该与两相流本身不稳定有关。

对图 8-8-5 的结果,不确定度可以用误差限来衡量,如含气率为 5％时,相对阻尼系数为 0.008～0.009,而含气率为 25％时,该值为 0.0115～0.0135。

参 考 文 献

[1] Richard S F, BEASLEY E D. Theory and Design for Mechanical Measurement[M]. New York: John Wiley & Sons Press, 1991.

[2] 吴永生,方可人. 热工测量及仪表[M]. 北京:水利电力出版社,1981.

[3] 奎恩 T. J. 温度测量[M]. 凌善康,赵琪,李訏谟,等译. 北京:中国计量出版社,1986.

[4] BAKER R C. An Introductory Guide to Flow Measurement[M]. London: Mechanical Engineering Publications Limited, 1989.

[5] 西北工业大学. 航空发动机气动参数测量[M]. 北京:国防工业出版社,1980.

[6] 田川裕郎,小宫勤一,山崎弘郎,等. 流量测量手册[M]. 罗秦,王金玉,谢纪绩,等译. 北京:中国计量出版社,1983.

[7] Kumar. Measurement in Mechanical Engineering[M]. Delhi: Delhi Publisher, 1983.

[8] 莱斯·柯卡普,鲍伯·弗伦克尔. 测量不确定度导论[M]. 曾翔君,骆一萍,申淼,译. 西安:西安交通大学出版社,2011.

[9] 中国计量科学研究院. 测量不确定度评定与表示:JJF 1059—1999[S]. 北京:中国计量出版社,2004.

[10] 吴音,刘蓉翾. 新型无机非金属材料制备与性能测试表征[M]. 北京:清华大学出版社,2016.

[11] ZHANG X Z. Flow Measurement by Electromagnetic Induction[M]. Boristol: IOP Publishing, 2020.

附录A

相 关 表 格

表 A-1　长度、面积、体积、质量、黏度的单位转换

单位（英制）	SI 制（国际单位制）
长度 Length	
1 inch(in. 吋)	0.0254 m
1 foot(ft. 英尺)＝12 in	0.3048 m
1 yard(yd. 码)＝3 ft	0.9144 m
1 mile(mi. 哩)＝ 5280 ft	1609.344 m
面积 Area	
1 barn(b 靶恩)	10^{-28} m^2
1 in^2（平方英吋）	6.4516×10^{-4} m^2
1 ft^2（平方英尺）	0.092 903 04 m^2
1 yd^2（平方码）	0.836 127 36 m^2
1 acre(a. 英亩)	4046.86 m^2
1 mi^2（平方哩）＝640 a	2.59×10^6 m^2
体积（液体容积）Volume（includes capacity）	
1 liter(升)	0.001 m^3
1 pint,U. S. fluid（品脱,美制液体）	$4.731\ 765\times10^{-4}$ m^3
1 quart,U. S. fluid（夸特,美制液体）	$9.463\ 529\times10^{-4}$ m^3
1 gallon,U. S. fluid（加仑,美制液体）	$3.785\ 412\times10^{-3}$ m^3
1 pint,UK fluid（品脱,英制液体）	$5.682\ 613\times10^{-4}$ m^3
1 gallon UK fluid（加仑,英制液体）	$4.546\ 09\times10^{-3}$ m^3
质量（Mass）常衡	
1 ounce(oz. 盎司)	28.349 52 g
1 pound(pl. 磅)＝16 oz	0.453 592 37 kg
黏度（Viscosity）	
1 poise(泊)	0.1 Pa · s
1 stoke,St(斯)	1.0×10^{-4} m^2/s

表 A-2　常见温度值单位换算表

度	绝对零度	标准大气压下水的冰点	标准大气压下水的沸点
热力学温度	0.00 K	273.15 K	373.15 K
摄氏温度	−273.15℃	0.00℃	100.00℃
华氏温度	−459.67℉	32.00℉	211.97℉
兰金温度	0.00 R	491.67 R	671.641 R

表 A-3　不同温度的转换公式

温度	从热力学温度换算至其他温度单位	从其他温度单位换算至热力学温标
摄氏温度	$[℃]=[K]-273.15$	$[K]=[℃]+273.15$
华氏温度	$[℉]=[K]\times 9/5-459.67$	$[K]=([℉]+459.67)\times 5/9$
兰金温度	$[R]=[K]\times 9/5$	$[K]=[R]\times 5/9$

表 A-4　压强单位换算表

	帕斯卡/Pa (N/m^2)	工程大气压 $/(kgf/cm^2)$	巴/bar	标准大气压/atm
1 Pa	1	0.000 01	10^{-5}	9.8692×10^{-6}
1 kgf/cm^2	98 066.5	1	0.980 665	0.967 84
1 bar	100 000	1.019 72	1	0.989 692
1 atm	101 325	1.033	1.013 25	101 325
1 mmHg(Torr)	133.322	0.001 36	1.3332×10^{-3}	1.3158×10^{-3}
1 psi(bl/in^2)	6894.76	0.070 31	68.948×10^{-3}	68.046×10^{-3}

	毫米汞柱 /mmHg	托 /Torr	磅力每平方英寸/psi (bl/in^2)
1 Pa	7.5006×10^{-3}	7.5006×10^{-3}	145.04×10^{-6}
1 kgf/cm^2	735.559	735.559	14.223
1 bar	750.061	750.061	14.504
1 atm	760.000	760.000	14.696
1 mmHg(Torr)	1	1	19.337×10^{-3}
1 psi(bl/in^2)	51.715	51.715	1

表 A-5　水在不同温度下的密度和黏度

温度/℃	5	10	15	20	25	30	35
密度/(g/cm^3)	0.999 965	0.999 700	0.999 099	0.998 203	0.997 044	0.995 646	0.994 03
黏度 /(10^{-3} Pa・s)	1.5188	1.3097	1.1447	1.0087	0.8949	0.8004	0.2080

表 A-6 空气在不同温度下的密度和黏度

温度/℃	−40	−20	0	20	40	60	80	100
密度/(10^{-3} g/cm^3)	1.515	1.395	1.293	1.205	1.128	1.060	1.000	0.946
粘度/(10^{-5} Pa·s)	1.52	1.62	1.72	1.81	1.91	2.01	2.11	2.19

表 A-7 标准正态分布累积概率表

$$\Phi(x) = \int_{-\infty}^{x} \frac{1}{\sqrt{2\pi}} e^{-t^2/2} dt$$

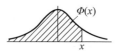

x	0.00	0.01	0.02	0.03	0.04	0.05	0.06	0.07	0.08	0.08
0.0	0.5000	0.5040	0.5080	0.5120	0.5160	0.5199	0.5239	0.5279	0.5319	0.5359
0.1	0.5398	0.5438	0.5478	0.5517	0.5557	0.5596	0.5636	0.5675	0.5714	0.5753
0.2	0.5793	0.5832	0.5871	0.5910	0.5948	05987	0.6026	0.6064	0.6103	0.6141
0.3	0.6179	0.6217	0.6255	0.6293	0.6331	0.6368	0.6406	0.6443	0.6480	0.6517
0.4	0.6554	0.6591	0.6628	0.6664	0.6700	0.6736	0.6772	0.6808	0.6844	0.6879
0.5	0.6915	0.6950	0.6985	0.7019	0.7054	0.7088	0.7123	0.7157	0.7190	0.7224
0.6	0.7257	0.7291	0.7324	0.7357	0.7389	0.7422	0.7454	0.7486	0.7517	0.7549
0.7	0.7580	0.7611	0.7642	0.7673	0.7704	0.7734	0.7764	0.7794	0.7823	0.7852
0.8	0.7881	0.7910	0.7939	0.7967	0.7995	0.8023	0.8051	0.8078	0.8106	0.8133
0.9	0.8159	0.8186	0.8212	0.8238	0.8264	0.8289	0.8315	0.8340	0.8365	0.8389
1.0	0.8413	0.8438	0.8461	0.8485	0.8508	0.8531	0.8554	0.8577	0.8599	0.8621
1.1	0.8643	0.8665	0.8686	0.8708	0.8729	0.8749	0.8770	0.8790	0.8810	0.8830
1.2	0.8849	0.8869	0.8888	0.8907	0.8925	0.8944	0.8962	0.8980	0.8997	0.9015
1.3	0.9032	0.9049	0.9066	0.9082	0.9099	0.9115	0.9131	0.9147	0.9162	0.9177
1.4	0.9192	0.9207	0.9222	0.9236	0.9251	0.9265	0.9278	0.9292	0.9306	0.9319
1.5	0.9332	0.9345	0.9357	0.9370	0.9382	0.9394	0.9406	0.9418	0.9429	0.9441
1.6	0.9452	0.9463	0.944	0.9484	0.9495	0.9505	0.9515	0.9525	0.9535	0.9545
1.7	0.9554	0.9564	0.9573	0.9582	0.9591	0.9599	0.9608	0.9616	0.9625	0.9633
1.8	0.9641	0.9649	0.9656	0.9664	0.9671	0.9678	0.9686	0.9693	0.9699	0.9706
1.9	0.9713	0.9719	0.9726	0.9732	0.9738	0.9744	0.9750	0.9756	0.9761	0.9767
2.0	0.9772	0.9778	0.9783	0.9788	0.9793	0.9798	0.9803	0.9808	0.9812	0.9817
2.1	0.9821	0.9826	0.9830	0.9834	0.9838	0.9842	0.9846	0.9850	0.9854	0.9857
2.2	0.9861	0.9864	0.9868	0.9871	0.9875	0.9878	0.9881	0.9884	0.9887	0.9890
2.3	0.9893	0.9896	0.9898	0.9901	0.9904	0.9906	0.9909	0.9911	0.9913	0.9916
2.4	0.9918	0.9920	0.9922	0.9925	0.9927	0.9929	0.9931	0.9932	0.9934	0.9936
2.5	0.9938	0.9940	0.9941	0.9943	0.9945	0.9946	0.9948	0.9949	0.9951	0.9952
2.6	0.9953	0.9955	0.9956	0.9957	0.9959	0.9960	0.9961	0.9962	0.9963	0.9964

续表

x	0.00	0.01	0.02	0.03	0.04	0.05	0.06	0.07	0.08	0.08
2.7	0.9965	0.9966	0.9967	0.9968	0.9969	0.9970	0.9971	0.9972	0.9973	0.9974
2.8	0.9974	0.9975	0.9976	0.9977	0.9977	0.9978	0.9979	0.9979	0.9980	0.9981
2.9	0.9981	0.9982	0.9982	0.9983	0.9984	0.9984	0.9985	0.9985	0.9986	0.9986
3.0	0.9987	0.9987	0.9987	0.9988	0.9988	0.9989	0.9989	0.9989	0.9990	0.9990
3.1	0.9990	0.9991	0.9991	0.9991	0.9992	0.9992	0.9992	0.9992	0.9993	0.9993
3.2	0.9993	0.9993	0.9994	0.9994	0.9994	0.9994	0.9994	0.9995	0.9995	0.9995
3.3	0.9995	0.9995	0.9995	0.9996	0.9996	0.9996	0.9996	0.9996	0.9996	0.9997
3.4	0.9997	0.9997	0.9997	0.9997	0.9997	0.9997	0.9997	0.9997	0.9997	0.9998

附录B

Origin介绍

Origin 是美国麻省 Microcal Software 公司的产品。用于科技文章写作中的绘图、曲线拟合、数据分析等,是一种应用比较简便的软件。

一般情况下,软件的版本更新很快,几乎每年都有新版本推出。但掌握了基本用法后,不同版本的操作相似,这里采用 Origin6.0 进行介绍。

1. 基本界面

图 B-1 是 Origin6.0 打开时的界面。

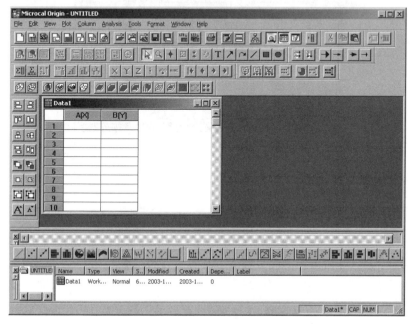

图 B-1 Origin6.0 打开时的界面

2. 数据输入

基于基本界面,首先我们会做以下操作。

(1) 首先应在文件(File)中新开一个项目:New Project,在一个 Project 里你可以再打开若干个工作界面:Work Sheet。

(2) Work Sheet 上有一个数据输入表格,供输入数据。数据可采用人工输入,也可从文件输入,即用 Import。

(3) 数据文件可有很多格式,一般用 Single ASCII 就可以。

(4) 一开始数据表上面只显示空白的两列,如果想增加列,可在 Column 里找到 Add New Column,然后根据需要增加列数。

3. 绘曲线和修饰

有了数据,就可以开始画曲线图:Plot(见图 B-2)。最基本的曲线图是由线段连接实验点而成的。从 Plot 处找到 Line。如果是一条实验曲线则设 A 列数据为 X,B 列数据为 Y;(再点击 Add 才能实现设定)。如果是多条曲线则设 B,C,D,…为 Y。

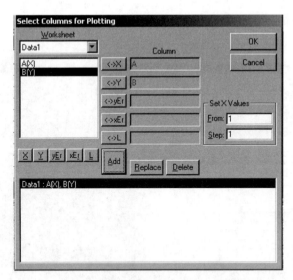

图 B-2　Origin6.0 曲线的 Plot 界面

到这为此,好像已经完成了画图。其实要获得一幅好的实验曲线图还需要进行更多的工作。它需要清楚易懂的标尺、粗细适中的线条、还需要一定的注解等。

点击坐标轴,可以得到图 B-3 和图 B-4。

在 Scale 上：用户可以设置坐标的最小(From)最大(To)值、坐标刻度标注时的增量(Increment)、中间线段(Minor)个数，还可以根据实验数据的性质设置坐标是线性(Liner)还是对数(Log10,In,…)等。

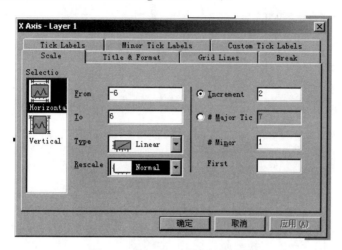

图 B-3　Origin6.0 中坐标的设置

在 Title&Format 上：用户可以首先在左边竖栏里选择下(Bottom)、上(Top)、左(Left)、右(Right) 坐标轴。(有时会有四根坐标轴，而不是两根。)然后给坐标轴命名(Title)，如 X 轴为时间，等等。

用户还可以决定坐标轴的颜色(Color)、粗细(Thickness)、标线段的高度(Major Tick)等。得到的实验曲线示意图如图 B-5 所示。

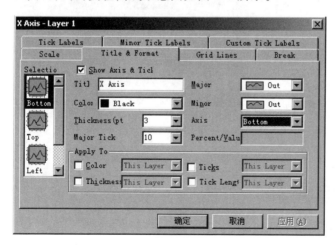

图 B-4　Origin6.0 中坐标的设置(续 1)

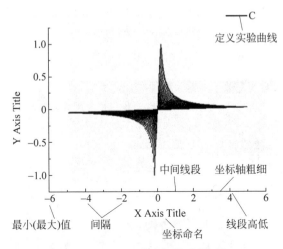

图 B-5　Origin6.0 中坐标的设置(续 2)

点击坐标右上角内线段，可以定义曲线：如实验点的连接方法 Connect(折线连接，二次拟合…)，实线还是虚线 Style，粗细 Width、颜色 Color 等。

如果实验曲线不止一条(数据超过两列)，点击图 B-6：组 Group，可以把曲线单独定义(Independent)。

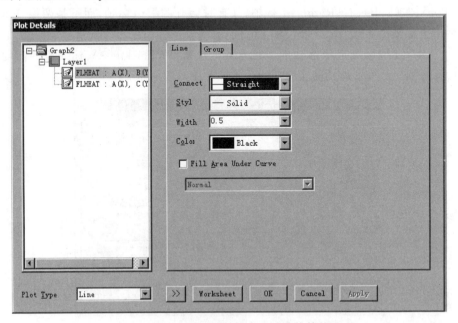

图 B-6　在 Origin6.0 中多条实验曲线的处理

曲线的注解请见图 B-7，点击相应图标可以输入箭头和文字。

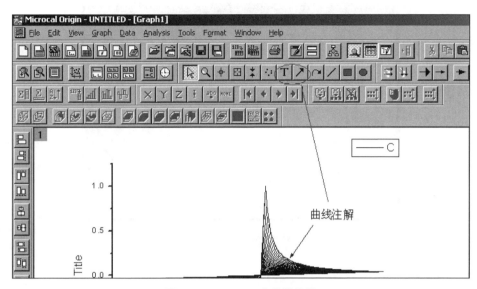

图 B-7　Origin6.0 中曲线注解

4. 数据点的表示

双击曲线可以得到界面如图 B-8 所示。

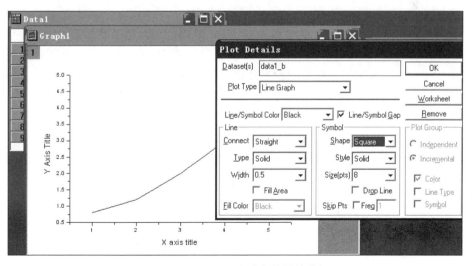

图 B-8　Origin6.0 实验点符号的选择

在 Symbol 一栏可以选择实验数据表示符号,如三角形、圆形,等等。也可以调整大小,空心或实心。从而得到图 B-9。

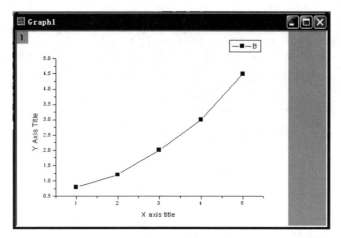

图 B-9 Origin6.0 实验点符号的显示

5．图形的输出

图形画好后,在计算机上可能显示得效果不错,但当要贴到文章上去时还存在一些问题,如清晰度、尺寸大小、文件大小等。

计算机上图形的大小可以在格式 Format 上调节。在 Format 栏,用户可以通过纸张 Page 调节计算机显示上白纸部分的大小;通过层 Layer 调节图形的大小。这些都与输出有关。

在文件 File 一栏上找到输出纸张 Export Page,确定后有另存为 Save as 对话框,用户可以选择不同的图形格式,通常用 BMP、JPG、PDF。投稿时常要求为 BMP 格式,因为这种格式没有压缩,便于修改。

注意,输出文件既要清晰,又不要过大。因为一篇文章里有许多插图,过大的文件可能最后使文章的文件巨大。投稿时要求图形足够清楚,所以要求尺寸足够大和足够清晰。为了减小图形文件的比特数,可用黑白 Back and White 或 16 色。对于实验数据图形,没有必要用 256 色。

6．曲线拟合

假定在实验中有以下数据:

X	Y
1	1.2
2	1.9
3	3.2
4	4.1
5	5.3

在 Origin6.0 中绘出的曲线如图 B-10 所示。

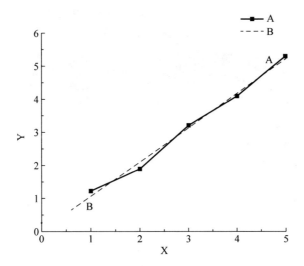

图 **B-10**　**Origin6.0 实验点连接线和拟合曲线**

其中,A 是实验点之间的简单线段连接;B 是线性拟合后的曲线。简单线段连接的曲线前面已经讲过了。曲线拟合是在简单线段连接曲线的基础上完成的,这时,在分析基本界面上 Analysis 栏选择所需要的曲线拟合方法(有直线,多项式,对数,……)即可。

Origin 除了给出拟合的曲线外,还给出相关参数,如图 B-11 所示。

```
[2004-2-19 08:15 "/Graph1" (2453054)]
Linear Regression for Data1_B:
Y = A + B * X

Parameter      Value          Error

A              0.02           0.16693
B              1.04           0.05033


R              SD             N              P

0.99651        0.15916        5              2.4789E-4
```

图 **B-11**　**Origin6.0 中拟合曲线的相关参数**

图 B-11 中 A 表示截距和误差;B 表示斜率和误差;R 表示相关系数;SD 表示拟合的标准偏差;P 表示相关系数为 0 的概率。

7. 分析功能

Origin 提供了一些分析功能,如简单的统计分析。点击一列数据,然后在 Analysis 中选择对列统计 Statistics on Columns,就可以得到该列数据的平均值、样本标准差、均值标准差等。

还可以对输入的曲线进行傅里叶分析。例如，当曲线是某一波形时，希望知道它含有不同频率的成分。例如，图 B-12 表现为锯齿波。

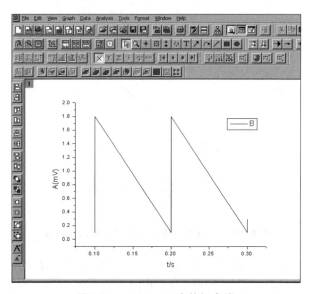

图 B-12　Origin6.0 中的锯齿波

在分析 Analysis 中找到快速傅里叶变换 FFT，则可得到锯齿波的频谱图，如图 B-13 所示。

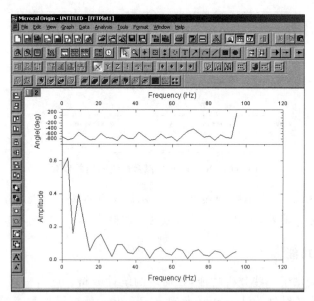

图 B-13　Origin6.0 中的锯齿波的频谱图

还有许多其他的分析，在这不一一叙述。

8. 三维图

用 Origin 软件可以做三维(3D)图像。有时需要绘出的不是一条或几条曲线，而是一个场的分布，这时，需要用到 Origin 的 3D 功能。要构成 3D 图像，需要 3 列数据，其中 X，Y 是平面坐标，Z 是在坐标点上数值的大小(或称为高度)。下面是一个例子。如图 B-14 所示。

在文件 File 上找到数据输入 Import Data，把事先计算好的数据输入。

	A(X)	B(Y)	C(Z)
1	0.1	0.19635	0.02216
2	0.1	0.58905	0.06204
3	0.1	0.98175	0.08974
4	0.1	1.37445	0.10083
5	0.1	1.76715	0.09532
6	0.1	2.15984	0.07657
7	0.1	2.55254	0.04907
8	0.1	2.94524	0.01685
9	0.1	3.33794	-0.01685
10	0.1	3.73064	-0.04907
11	0.1	4.12334	-0.07657
12	0.1	4.51604	-0.09532
13	0.1	4.90874	-0.10083
14	0.1	5.30144	-0.08974
15	0.1	5.69414	-0.06204
16	0.1	6.08683	-0.02216
17	0.2	0.19635	0.04874

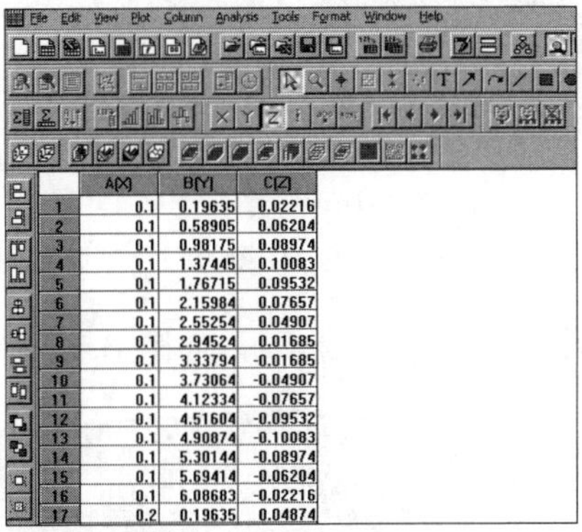

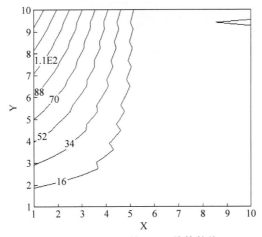

图 B-14 Origin6.0 中 3D 数据的输入

其中，A(X)是 X 坐标；B(Y)是 Y 坐标；C(Z)是坐标上的值(或称为高度)。这时，在编辑 Edit 上找到转换成矩阵 Convert to Matrix，并选择直接 Direct 得到新的数据。然后点击三维绘画 Plot 3D，选择如黑白等势线 Contour B/W，可以得到图 B-15。

图 B-15 Origin 的 3D 图的等势线

用户也可以选择彩色的平面图 Contour-Color Fill，如图 B-16 所示。

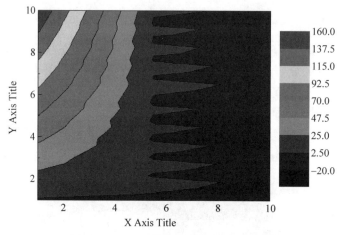

图 B-16　Origin 的 3D 图的彩色平面云图

或者是立体线条图的 3D Wire Surface，如图 B-17 所示。

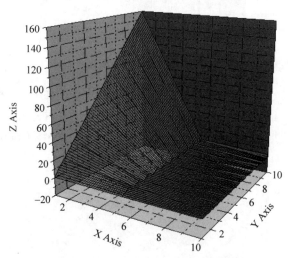

图 B-17　Origin 的 3D 功能绘制的立体线条图

索　引